ནགས་ཁྲལ་བགྲོད་ཤུལ།

绿野行踪
林海高原六十载

徐凤翔（辛娜卓嘎） 著

王 剑 高晓花 整理

中国建筑工业出版社

图书在版编目（CIP）数据

绿野行踪：林海高原六十载／徐凤翔著. —北京：
中国建筑工业出版社，2019.5
ISBN 978-7-112-23364-9

Ⅰ.① 绿… Ⅱ.① 徐… Ⅲ.① 林区－科学考察－中国
Ⅳ.① S757.3

中国版本图书馆CIP数据核字（2019）第035691号

　　本书将作者六十年的林区科考调查分为四部分内容，包括国内各大林区和西藏地区的科考、创立高原生态研究的工作成果，以及世界五大洲林区的考察类比工作。涉足世界自然遗产18处、世界文化遗产18处，包含世界第一大高原、第一大峡谷、第一大森林、第一大热带雨林、第一个自然保护区和世界级古树巨木等。书中展现了藏东南林区作为全球森林大系统中拥有植被带谱最完整、类型最丰富、生境最优异、孑遗珍稀蕴藏最独特的宝地，构成了其价值所在；持续六十年的林海科考、翔实的调查资料、亲身的经历等构成了其特色所在。本书的亮点在其时间跨度的长、覆盖林区的广、科考内容的详以及文字表述的实，将林区工作与科考经历相糅合、高原生态研究与地理生态考察相对比，构成了丰富多彩的内容。故事与专业知识相互穿插，生动有趣又不乏学术的严谨性。

　　本书所适合的读者对象广泛，不仅适用于对林业植物特别是西藏高原植物进行生态研究的广大学者和在校师生，还适用于对科考、旅游、探险、猎奇、珍稀物种感兴趣的广大社会读者，包括青少年读者。既可作为专业书籍，也可作为科普类及社科类读物。

责任编辑：唐旭　贺伟
版式设计：锋尚设计
责任校对：王宇枢

绿野行踪　林海高原六十载

徐凤翔（辛娜卓嘎）　著

王剑　高晓花　整理

*

中国建筑工业出版社出版、发行（北京海淀三里河路9号）

各地新华书店、建筑书店经销

北京锋尚制版有限公司制版

北京富诚彩色印刷有限公司印刷

*

开本：787×960毫米　1/16　印张：13¾　字数：217千字

2019年5月第一版　　2019年5月第一次印刷

定价：**128.00**元

ISBN 978-7-112-23364-9

（33673）

读老友新书有感

我与凤翔老友相识于1949年，曾一起从事青年团的工作，如今已七十年了。

她的一生，如其自述，是探绿、爱绿、护绿的一生。如今，读她的新作《绿野行踪 林海高原六十载》，深感此书虽与《绿野仙踪》有一字之差，但其价值不低于"仙踪"，因为此书所重点描述的西藏高原，难道不是我们心驰神往的"仙境"吗？

读了此书，我深感用"奇人、奇事、奇书"来形容她在书中所描述的那些事，用"三奇"来概括读后体会是较为确切的。

而凤翔却说自己何奇之有？只不过是一个普通的科学工作者，在"知识的苦力群中一步一长跪"（见黄宗英著《小木屋》），在险路上走着，而且心甘情愿、情愿心甘！而宗英大姐从1979年开始，关注并追随徐凤翔于高原密林险道，情深似海，被凤翔称为"科学知己、巾帼壮士"！

如今宗英姐年逾九十，还常题字为："一息尚存、不落征帆"。赠至爱亲朋，互励互勉。

陈清泉
2018年夏

前　言

探绿护绿

我这个人经常处于自思、自责之中。因为大自然惠于我的太多、太奇、太重，我之回馈不足以偿万一。自感：有景要颂，有珍要保，有理要述，有疑要究，有忧要呈！常常思如涌，下笔缓。近年来更感于年事渐高，时不我待，即以《绿野行踪　林海高原六十载》为名，成小书一册，向大自然、大高原还上我一分情债！为纪念投身西藏林海、为高原生态研究领域的创建、揭幕、鸣奏四十年，捧上我一瓣心香。

书名为"绿野行踪"。因我的专业人生是探绿、爱绿、护绿，行动是旅于途、攀于坡。这"绿"、"行"二字，贯穿了我一生的思维与行为。但考虑书名时，有顾虑，怕被误认为与"绿野仙踪"这本著名的童话书套近乎。而我岂敢沾边"仙"字，普通人一个，确切地说是生物界物种之一员，如蚁群中之一而已。

我所经历的"绿野"，类型众多，主体当然是密林巨树，倒也曾行走于类似童话中高草如林、"浓绿"的蕨草丛中，也曾纵横于藏北草层飘雾的"疏绿"和喜马拉雅山地区零星花草的"点绿"中，也更曾攀行于荒坡灌丛、花荫果序下，那种多姿的自然之美装点着行者的旅程，消减了旅途的艰辛，也生发出几多的感悟与嗟叹。

至于对绿林之探，可分为互有联系而各有特色的三大阶段。第一阶段是前期的二十余载，从莘莘学子到中年教师，于国内东、南、北、中诸大林区从事教学科研，在专业的实践与理念方面奠定了较为坚实的基础。

第二阶段是在我年近半百时而遇上"天降大任"，有幸获得了攀登西藏高原林海的契机，大自然为我揭开了神奇的绿色天幕。从此，四十载春秋，我从中年至今年近九旬，如痴如狂地观、学、探、思，认识到高原林区是西藏的核心，是我国西南大林区（川西、滇北、藏东南一体）的高原与后院，是全球高山森林大系统中拥有植被带谱最完整、类型最丰富、生境最优异、孑遗珍稀蕴藏最独特的宝地。为展现西藏高原对全球生态制高点的拥卫之功，特创建了西藏高原生态研究领域与研究机构。

第三阶段是我自1995年从西藏"退休"后，下了西藏高原，上了北京灵山。在继续探索并展示西藏高原景观特色的同时，还做了三件事：一是建立了第二座"小木屋"——北京灵山生态研究所，从事介绍西藏高原生态景观"窗口"和青少年生态科普教育工作；二是进行了大高原生态对比考察；三是开展了对五大洲的主要线路、典型生态类型进行生态观光与对我国西藏高原对比性考察工作。

纵观我的绿野行踪的三大阶段，六十载岁月，我向绿而去，学习观光了各类各式林型、树态、花草的英姿，感悟到大千世界，生物的适应性与生命力之体现与各具特色，收获极丰。但衷心还是怀着对西藏高原生态之崇敬和对景观资源的钟爱，更对广域类型作对比性的观光思考，愈加感受到绿之对于地球大地、对于万物生灵、对于芸芸众生，是实体的支撑，是营养的补给，是衣食的保障，是寒暑之屏卫，是文化怡情、健康身心的源泉。我愿作一片绿叶，依偎着她，了此终生。

对于孕育滋养万物的绿野大地，人类又怎能轻浮地忽视她，恣意地挥霍、破坏她呢？怎能不善待、珍视她，友好地共处共昌呢？

行走天涯

我的大半生都在向绿而行，向高而攀。这一人生之路啊，真是丰富多彩，奇险苦乐兼备，而自我感受主要是：奇与乐。关心的朋友们曾问我："你就没有感到苦和怕吗？"说实在的，完全感觉不到苦那是假的，但我感受到更多的是"小苦大乐、大奇、大享受！"，虽所遇到的各种险情的确很多，但却没有害怕，并且因均能化险为夷，而自我庆幸。

在进藏前，于全国各地诸林区教研二十多年的行程中，忙不迭地学习、探新、访景、猎奇。而在此期间也曾遇有两次险情：一是在闽北林区小铁轨的翻车；二是出差路途上的撞车，前车所载钢筋穿透我们考察的小车。至于我这名女教师曾多次住宿乡间野店，的确夜不敢寐，但均平安无事，不亦幸乎！

至于1978年，年近半百时，开启了我后半生"四十年家国"的从江南到西藏的行旅。由于我是怀着"壮心飞向珠峰麓"、"毋需返顾江东岸"的愉悦心境，向绿、向高而去，故眼中的"晓风残月"都蒙上了鲜亮的色彩，每次的"八千里路云和月"都是猎奇、惊艳地走天涯、向天际之行了。

此后的第一期十八载春秋（十数万公里）的藏东南、藏南林区行，主要依靠的交通工具有二，除了徒步行进之外，就是搭乘便车（军车、民用车以及道班手扶拖拉机等），每次的搭乘均被愉快地接受，是因为当地人已经熟知这一带有位徐老师是"熊掌"牌（招手牌）的乘客。至于西藏的各种"陆"车也常常需要涉水过沟，被戏称为"巡洋舰"或"水陆两栖车"。于考察途中，大家同甘共苦，多次下水抢救资料设备，涉冰水、灭野火，过各式独木桥，更曾飞渡溜索4次，还在溜索上看急浪礁石，酸气大发，认为似"二水中分'白鹭洲'"！

我也有数次在墨脱、察隅、帕桑错等深沟山道乘马，被摔、被拖等的经历，但均有惊无险、化险无伤，与乘马告别时，还与它相拥致谢以庆！

四十年的江南–川藏行，乘坐民航经川藏上空时，观机翼之下雪峰绵亘，已属常事，期间还有两次横贯喜马拉雅山脉至迪拜的飞行。但最难忘的航行是：1986年搭乘黑鹰直升机巡飞于雅鲁藏布江大拐弯雪峰林海之上，以及2010年于珠穆朗玛峰南坡地球极高山群系上的绕飞拜谒之行。我当时的心情真有羽化登仙之感，由衷地感恩大自然、大高原赐我于如此净化、净心之行，真感人生有此境遇，夫复何求！

　　至于后期的二十年间，我曾数次赴世界五大洲做生态对比探访，也只能是聚焦于主要线路、典型生态类型，但探访学习的收获亦很独特。小难有之，险则更少，只有一次于东非观动物大迁徙时，在热气球上，近低空观动物集群律动迁徙之壮美，相比喜马拉雅山脉上的绕飞，那一点低空之险，何足道哉！

　　我在行旅过程中，还有小苦小险时，更是想起古今中外的先贤恩师们的坚韧奉献精神和业绩，他们无畏、无私、无欲、无求，只为科学研究的目标，只为造福苍生，在跋涉、在奋力，甚至献出生命！

　　遥想18世纪植物学界的鼻祖林奈的双命名法和终生探明的物种功垂万世，却只愿将最小的匍匐灌木（5~10厘米高）命名为"林奈草"，其科学精神与无我境界与其学术成就共辉！

　　在国外近代科学家中，我对黑猩猩行为研究专家珍·古道尔尤为敬佩，她只身眠于野外大猩猩群居的树下，真是"孤胆女侠"，我自愧不如。

　　我国古代先哲中的植物学家、药物学家李时珍，为拯救众生，探幽寻宝，仰天大乐的心境，真与我这个后辈同感、同乐！地理学家徐霞客当被盗劫后，却又壮行的豪情更启示着我。

　　近代的诸位先师，谁不是为国舍家，为专业科考而忘我地走向天野。仅就青藏高原的研究大课题来看，在刘东生院士的领导下，开创了各学科的持续探索。而我只是这一大"科研军团"中的一员，我常从高天厚土的遐想中，自觉人之行旅，似地球上蚁群中之一，还各怀目的、多向而行。多希望多一些为保护大地、为造福众生的同道并肩而行啊！

至于我个人年已耄耋，奉献微而愧疚多，无论对大家（国家）、小家（亲人），均负债沉重。对大家，力薄才疏，作用甚微。对小家，则常常无暇顾及，甚至投身于"天涯"而忘却返家。早知如此，真该做"独行侠"，以少些牵挂与愧疚！

徐凤翔 （辛娜卓嘎） 拜识

2018年6月于净心斋

目 录

前 言

一、教学春秋　林野奠基

东北林区：绿得辽阔壮美

分布在大、小兴安岭和长白山广袤地区的东北林区，是我国的第一大林区，在"林家人"的心目中，东北林区夏季树海苍翠；冬季林海银装，整个林区温寒而苍劲。但到近现代以来，东北林区也是首先开发（伐）的林区，常使"林家人"关怀和担忧。在第一阶段从事教学的过程中，我就曾数次探访东北林区。

在两次长白山林区的行程中，我沿途一边向长白山天池（主峰海拔2749米）攀登，一边观察森林的垂直分布带及定位观测点。一路向上，从山地湿润→半湿润北温带落叶阔叶林、针阔混交林，向寒温带针叶林至寒带矮林、草甸攀登。途中只见中龄的白桦林挺秀，柞木（栎类的当地种）、黄菠萝等混交林坚韧，大面积的红松多世代异龄林则生机茁壮，不仅有云冷杉林的古老和生长在冻土层之上浅根倒伏的古拙状态，还有岳桦矮曲林和高寒草甸的鸢尾群落等植被景观。（图1-1~图1-3）

这一路之上的植物组分与生长的梯度变化，对于林区的考察而言收获极

图1-1　红松阔叶混交林秋景
（摄影：沈孝辉）

图1-2　次生桦木林
（摄影：沈孝辉）

图1-3　河岸针阔混交林
（摄影：沈孝辉）

图1-4　鸢尾群落（摄影：沈孝辉）

图1-5　林缘草被秋色（摄影：沈孝辉）

丰，更使我由衷感慨的是林下有"林奈草"的分布，这是科学先贤投身研究的奉献精神，是淡泊个人名利、视个人为生物界之"沧海一粟"的精神，也是物种适应性与生命力广布的反映，更使我想起了天涯同道先贤们的艰辛而功勋卓著的历程。（图1-4、图1-5）

回想起来，共有两次攀登长白山天池。第一次是在1980年代，当时晴空万里，巨型的火山口内一汪天池碧水，白头山则高耸于天池对坡。我探视了天池边的高山气象站，站在山顶火山灰带上凝望沉思，向常年坚守于洁净"天际"的同道友人们深深致意。

第二次攀登长白山天池已与第一次时隔了20年，沿途的林木的确疏生了，采收红松籽的迹地却有不少，而当日不巧正遇上大雾的天气，长白山天池覆盖在重度的朦胧之中，未能与我们再次晤面。

对于东北林区中大小兴安岭林区的探查，不仅有林中的徒步考察，我还曾攀上高达50米的林中定位观察塔，于高高的林冠层之上环视林海，林海树冠的律动犹如绿波轻荡，一直延伸至远方天边，激发起豪迈气象！

在东北，我还考察过五大连池的"地下森林"，这是较近代的火山岩浆构成的串珠状湖泊、绳状地壳群和火山颈口下陷成穴的地域。（图1-6）穴中针阔混交林起伏苗生，洞上的紫椴力枝横斜，似展臂"迎客"。绕"盆沿"、下"盆底"，对如此自然力与植物生命力的组合之景深为崇敬。

对于东北林区珍稀之地的考察，还去了扎龙自然保护区。这里是我国最大的鹤类栖息地，（图1-7）在这里的考察与鹤群有了亲密的接触。而当我在夜空月下沉思时，更是深感置身于自然界冰火交融的大舞台，人类——作为有智慧的生物种群，真该保护好这方平和的自然天地（图1-8、图1-9）。

图1-6　远眺五大连池出水口

图1-7　扎隆-鹤类自然保护区

图1-8　岳桦林与苔原交错带（摄影：沈孝辉）

图1-9　天池澄明（摄影：沈孝辉）

华东林区：绿得清雅秀美

　　我国的华东七省区，气候温润，人口集中，经济发达，文化昌明。但其森林分布则是个状若断续绿块、绿带的地区。在七省区的范围内，就森林的分布而言可划分为三片。

　　中部以上的江、浙、皖三省，常被视为江南地区的烟雨绿茵之地。浙江以南，及江西、福建属于华中地区山体起伏、茂林修竹之绿意较浓的范畴。至于山东滨海与台湾岛，虽同属东滨海区域，但所处的立地与承接的气流有别，形成了台湾绿色宝岛与山东滨海的峭崖劲木和古庙庄严的各异情景。

　　江、浙、皖三地，在森林植被"绿"的层面和状况上各有特色。江苏省沿长江南线的一带，以北亚热带的植被为主，林多分为马尾松和落叶栎类（麻栎、栓皮栎）的针阔混交林，以及散生竹（毛竹、刚竹、淡竹）和茶园星布。蔷薇科的各色花灌木茁生于城乡大地，簇拥着隆起的"虎踞龙盘"紫金山，成就出了点缀着诗意、文意、绿意的一座座袖珍的园林。而长江以北的平原水网则以人工种植的中、湿生性的水杉、池柏、池杉和垂柳、枫杨等树种，展现了"四旁绿化"（村、路、田、水）的规划布局，起着护坡、保土、固堤、美化的作用。（图1-10~图1-13）

　　至于浙江省的林区，为中亚热带、中山地类的"山林"型林区。林木组成含有常绿阔叶林和樟树、壳斗科和丛生竹种等，更有子遗物种银杏和柳杉等古树巨木分布于著名的天目山、莫干山、天台山等山岭之中，以及西湖景区和千岛湖水域景区之中。浙江的林区绿得浓重且生机盎然，植物季相多彩。（图1-14、图1-15）

　　曾记得2016年在天台山的寒山湖畔，有感于山水竹木氛围中的悠然景观，友人邀我题词，我抒情为："寒山不寒，碧树温馨。净水毗邻，可以清心。"发自我对故园和故人先贤的感念。（图1-16、图1-17）

图1-10　钟山松栎混交林

图1-11　遥望钟山林海

图1-12　溪畔竹林

图1-13　四旁绿化水杉林

图1-14　浙江国清寺隋梅

图1-15　浙南竹林

图1-16　寒山湖一角

图1-17　碧树拥潭

　　安徽是浙江天目山绵延之地，同属北亚热带气候为主的中低山范畴。著名的黄山和"文"名传承的琅琊山，都是我在教学科研时曾经多次造访之地。这两座山的特色是"石一林"。黄山是由花岗岩的断层、节理形成的奇峰怪石，衬托着姿态苍劲的黄山松古树，或力枝迎客，或梦笔生花，展示着顽强坚韧的生命力。

图1-18　刚劲的黄山松　　　图1-19　石灰岩山地　图1-20　黄檀古树
　　　　　　　　　　　　　　　琅琊榆

　　而琅琊山对于林业专业工作者而言，更能体会到石灰岩山地的中偏碱性土壤上相适生的树种，有青檀、朴树、琅琊榆等，亦能生于岩石缝隙而长成大树，荫蔽古寺。处在琅琊山中，可以在"枫叶满林山欲醉，冷落梅花一地秋"的生境里，怀古幽思，向先贤欧阳修致敬。（图1-18~图1-20）

　　华东地区南端的福建、江西区域，属中亚热带与南亚热带气候区，低中山区域的林木茂密、葱郁。福建山区是传统的杉木高产经营区，树高达40余米、胸径达2米以上的"杉木王"即适生于此。更有多组分的樟、楠、槠、栲类的常绿阔叶林组成了该地区的"万木林"，林分郁闭度高且多层分布。

　　而福建的武夷山区则更是奇山秀水、茶果飘香的林区。林区内常绿壳斗科树种和温润型的柳杉等针叶树混生，竹林群聚，更有原生的古茶树茁生于岩石缝隙之中。而沿溪两岸的诗文石刻古迹，丰姿绰约、古意盎然，朱熹的"白鹿洞"书院风貌犹存，范仲淹的"溪边奇茗冠天下，武夷仙人从古栽"苍劲有力的石刻是我国山水绿林与石雕题刻文化完美结合的重要遗址之一。（图1-21~图1-23）

　　江西的庐山是古今文化汇集的形胜厚集之地，古代大诗人李白、苏东坡、白居易等巨匠的咏诵，流传千古。山中的冰川遗迹间，飞瀑、巨木、大柳杉、古银杏令人神往，足可令人学而忘返。在庐山植物园内，更有三位先师胡先骕、秦仁昌、陈封怀的墓碑，比肩而立，石碑上仅铭刻着"植物学家"称谓。三位先生平实而高洁的品格，使后辈学人肃然起敬，到此接受净化心灵的洗

图1-21　俯瞰九曲溪

图1-22　顺流而下

图1-23　武夷山苦槠、米槠相依而生

礼！附近更有陈寅恪教授仅仅以几块净石堆砌的墓碑，仿佛先生欲将满腔的学识与正气汇集成脉喷薄而出！

　　华东地区东部的沿滨海地带，其植被景观既有突兀的峭崖劲松，也有幽谷古寺和古树名花。我曾立于"天尽头"的山东威海成山头，东向大海，抗风性强的黑松、赤松等在沿海一带的岩石缝隙中坚韧地生长。而位于海湾滩地的崂山古寺"太清宫"，却另有一番温润葱郁的情景，银杏、桧柏等千年巨木拥围，更有珍稀的红花山茶等，在庙堂前应时令节气的变化而花开花落，把专业考察的思绪带向古文人描写的神奇境界。坐落于崂山山体上部的华严寺内外，更有多种暖温带的落叶栎类，与东北平原地区的落叶阔叶树系统相连。（图1-24、图1-25）

至于矗立在我国东海的台湾岛，地跨北回归线，承接四方涌来的海风水汽，是一座林茵覆盖的绿岛宝岛。我曾绕岛考察，目睹"清水断崖"的峭壁与激浪，把氤氲的海风水汽曲折地送入"太鲁阁"峡谷，丰富的水汽资源和气候条件使得玉山、阿里山林木葱茏，植被多样。宝岛上的植物资源与大陆闽、粤的南亚热带植物区系亲缘同宗，红桧、樟木等多种常绿阔叶树生长茁壮，更盛产名茶和热带水果等，使得日月潭、阿里山等地植物景观丰盛多姿。

在如此优越的海岛生境下，各种植物本应持续昌茂生长，但山林中被日本侵占掠夺和砍伐的历史残迹还历历在目。阿里山的红桧神木（3000余年树龄）是可与美国红杉、大陆西藏高原的雅鲁藏布江柏木等同属"世界爷"级的巨树，但却已偏冠、枝残。而更有一株树龄逾千年的"三代木"，是被两次砍伐，又茁壮萌生的残木，既是

图1-24　华东滨海　峭壁劲松

图1-25　滨海景观

揭露日军掠夺资源暴行的标示，更是植物生命力顽强的展示。据云在日侵占时期，阿里山地区有180万株古樟树被盗伐，现仅存留下一株孤立木。而商店中随处可见的根系制作的茶桌，亦是伐木刨根后的残留。故台湾岛的考察观光之行，既了解"地缘相连、植被同宗"的自然相关性，更目睹物种遭劫难的历史，深感对民众、对自然资源的关爱保护，责无旁贷。（图1-26、图1-27）

图1-26　台湾三代木

图1-27　红桧巨木伐根

华南林区：绿得繁茂绮丽

通常意义上对华南地区的表述，主要覆盖的是广东、广西、海南三省，而湖南则常被认为属华中地区，但将其视作华南片区，主要是就武陵山系的范畴而言。两广、海南在南岭山脉以南，而湖南在南岭山脉的北麓，处在中亚热带与南亚热带的过渡带之中。而湖南的山水总体是滨洞庭湖、拥"南岳"衡山，植被是在紫色砂岩为主的酸－中性土壤类型上，生长出的常绿栎类、楠木、木荷及温湿型的针叶树种，也是人工杉木林种植较为集中之地。

在数次赴湖南的教学科研考察中，印象深刻的是攀登索溪峪林区之行。那以紫色砂岩为主的谷峰，以及茂密的常绿阔叶林和针阔混交林的植被，使我置身于"土石艳、溪流涌、茂林绿、峰林峻"的山林间，尤其在穿越天门洞，登临天子山，于海拔1100余米的山峰岩面上，环视峰群拥绕、峡谷深沟的"天缸"大盆式地貌，其中各式峻峰丛生，孤林、奇木覆被，诚然是一处雄奇的自然大盆景，而张家界景观就在对面峰顶处遥遥相望。（图1-28、图1-29）

广西是华南地区一处突兀的石灰岩溶洞地域，是著名的"桂林山水"形态汇集之地。但从林业专业的角度来看，更是桂北森林珍稀孑遗植物的集中之地。

众说"桂林山水甲天下"、"阳朔山水甲桂林"，其中山水之奇秀、溶洞之幽深的确是大自然独特的馈赠，也是地史学上的特例，真感到：山是碧玉簪，水是绿萝带，林是孑遗爱。

广西的山水峰林区，虽然石多、土少、钙性强，但适生耐碱性的一些疏林灌丛茂密，如青檀、黄角树、青冈等。而沿融江上溯至大苗山林区，则在深谷沟坡之地上，蕴藏着一些珍稀孑遗物种，如银杉、红花油茶和桫椤的一些种。这些珍稀孑遗物种是物种生命力旺盛的历史遗存，也是优越的生境和人文的保护所致。真是自然界的一处瑰宝。

图1-28　张家界峰林景观（摄影：刘江涛）

广东更是我国南方自然与人文资源的特异之地。其地处南亚热带与北温带片区之中，属于北回归线范畴。由于太平洋、印度洋暖湿气流的浸润，发育出了热带雨林、季雨林的景观，印度马来区系组分丰富，生长优异，形态独特，是全球北回归线一带难得的绿洲。1956年，广东鼎湖山林区被定为我国的第一座自然保护区。（图1-30~图1-32）

图1-29　索溪峪崖壁远眺

当年，我们曾于此学习考察，在市区沿途有众多的木兰科、凤凰木、木棉等高大乔木，植株不但生长苗壮、荫蔽葱郁，而且花大色艳丛聚枝头，虽然仅仅是匆匆惊鸿一瞥，已初步领略了"南国风光"的旖丽多姿。

在鼎湖山林区的考察过程中，北方的学友们戏称为"刘姥姥进了大观园"。那林分垂直郁闭，板根高耸，藤蔓蜿蜒，老茎生花，植株绞杀，毒蛇出没，蚊

图1-30　"象鼻"榕

图1-31　蔓性荚果

图1-32　热带雨林林下的海芋

虫围攻等等现象，都反映出了湿热环境中的动植物组分丰富与生命力之顽强。

至于跨越琼州海峡的海南岛，则又是另一番景象。既有滨海滩地，海阔天空的自由天地，更有我国海滩独特的"石蛋"地貌的"天涯、海角"景观。这是大自然地史的馈赠，本应科学地认识与珍视，但这一点却被忽视了，任其在海风中兀立！至于海潮线间成片茂密的红树林，多处于更新后中径级、中龄林的状态，期待保护发展，走向"水中森林"方向。（图1-33、图1-34）

海南岛上的植物珍宝汇集在尖峰岭林区，得益于中科院热带植物研究所多年的经营管理，保存着较为完好的热带季雨林与热带山地雨林。其中珍稀濒危的热带树种青皮、坡垒、格木等，以及各种药用植物，均属山林珍宝，更有海南植物园精心培植的种群，是植物观赏与科技教育的一大基地。希望我国的两大宝岛——台湾岛与海南岛，在海涛、波峰环绕之中闪耀着绿色的生命之光。（图1-35~图1-37）

图1-33　海南红树群落

图1-34　槟榔林

图1-35　王莲花绽放

图1-36　热带作　图1-37　绞杀后寄主中空
物丛生

西北林区：绿得苍劲坚韧

在1980~1990年代对西藏高原生态与资源的考察研究基础上，于21世纪初，开展对我国的大高原范畴做总体的典型性、对比性的生态补点考察。

青藏高原是主体一级，西南云贵高原是二级，黄土高原是三级兼及新疆大漠。2000年春末，承蒙"世界自然科学基金会"给予立项支持，随后几年中，我们逐年逐片地以小组单车的方式行进在西北的山水林野间，开展生态考察工作。

2001年春末，沿太行山山脉西行，过古意盎然的风陵渡，至黄河壶口段，在巨大的断层岩面前，领略了"黄河之水天上来"的恢宏气势，瀑布激流的确振聋发聩，对其历史的"黄"，今后能否色变？不由得使我想起人生与专业导师梁希教授期盼的"让黄河流碧水，教赤地变青山"的民族使命！

考察沿途也非全属荒草裸地，落叶阔叶的栎类（蒙古栎、辽东栎等）和杨树等混生的疏林呈现断续的分布状况，反映出在温性中旱生地带，一些适应性强、耐贫瘠的树种仍在坚韧地生长。（图1-38~图1-40）

即至到了陕中地区，我们专程拜访了黄陵古柏。那株高35米的古树苍然而立，虽与西藏林芝高51余米的雅鲁藏布柏木在树高上相差显著，但展现出其历经沧桑的韧性，而且陵园坡地上有成片的柏树林，反映了古树的世代演替。（图1-41）

图1-38　内蒙古乌兰布统

图1-39　内蒙古乌兰布统白毛风雪

我们此行又一次越秦岭而向川藏地区进发，途中经山地温带与亚热带的过渡，由太白岭（海拔3767米）至南坡。雨夜在林中行车，那种"无边落木萧萧下"的静谧氛围，把我们带向坡下，还敬谒了一次初雪覆盖的树木森森的张良庙景观，及树冠中若隐若现的朱鹮和白鹳。

同年访青海，寻河源。

青藏高原常被视为一域，但在生态类型、景观植被等方面却存在着显著的差异。青海的高寒苍茫，对其南侧的西藏山林草地，起到了一定的屏障作用，更是"中华水塔"的水系之源。（图1-42~图1-45）

在青海一路，经过山塬旱作梯田与多彩的向日葵大地，造访了著名的青海湖。这个著名的高原湖泊，对我而言是初访十余年后的重访，回忆起了在1960年代困难时期刚刚渡过，当地人仍念念不忘青海湖的鳇鱼救活了若干人

图1-40　壮观的壶口瀑布

图1-41　皇陵古柏

图1-42　青海湖一角

图1-43　青海湖畔狼毒花丛

图1-44　湖畔沙山

图1-45　刺状灌丛

之恩泽。曾记起当年在青海湖畔小招待所中，喜遇旅美的植物学家胡秀英女士的情景，她是我的学界先辈，曾在哈佛大学内接待我并引领参观"玻璃花"标本展览室和植物园中由我国引种而去的"金钱松"立木。而今再见那碧水、湖心岛、鸟群及沙丘的碧空如洗、碧水澄蓝时，如见老友，甚至对湖畔的狼毒花也感到俊美艳丽。

此后我们又过日月山，再访"倒淌河"，忆起十余年前在共和林区考察云杉林和草地定位站的经历，仿佛历历在目。

此次我们在海拔4200米的玛多县中转后，向两湖及黄河源而去，那日飞雪相迎，我在海拔5400米的黄河源的"牛头碑"下，从专业的角度作了一段

图1-46　干荒谷地的农林景观

图1-47　甘肃敦煌杨树林

介绍。曾记当时，除了我们的四人考察小组至此虔诚地造访外，周围环境一片冰晶玉洁，促使我从"中国高原生态纵览"的生态对比角度，作了一次面向辽阔旷野的祝祷，表达了对高原的崇敬，对河源的一泻千里润泽大地的感恩，对万众生灵的情谊与期盼。（图1-46~图1-48）

图1-48　风雪黄河源（摄影：王方辰）

　　当时我们考察组的心境是：向天汇报、向地汇报，投身于大自然家园一倾衷情，不能自已！同伴三人亦不顾寒风冷雪，先是忙于录像摄影，渐而也同感亢奋，似乎寒气顿消！

　　那一次的"自说自话"，是可笑还是可叹？！可敬还是可悲？！看来是当时的天地澄静、飞雪撒情的正气，把我引向了崇敬的苍茫天际！

　　至于新疆维吾尔自治区，在一些人的印象中往往是"一大二荒"，即通常称其为"大漠"。而新疆大则大矣，自治区的规模占到全国陆地国土面积的1/6，而其中干荒疆域占到60%以上，属于荒漠地带。但从我几次的南北疆之行，体会到新疆绝非仅仅是无垠的荒漠这一种类型，而是各类地形地貌与生态系统具备，且各种类型均极为壮观、极具特色。

　　由北疆而南疆，"三山耸立"，西北角的阿尔泰山承接着大西洋、北冰洋的

图1-49　新疆森林草原（摄影：王方辰）

图1-50　天山坡面上的林（阴坡）草（阳坡）相间（2001年，摄影：王方辰）

湿润气流，在山脉的高峰深谷中，冰川纵横，碧波浩荡（哈纳斯湖、博格达天池），寒温性雪岭云杉、落叶松等针叶林和针阔叶混交林块片状密集分布。（图1-49~图1-52）

　　至于横贯新疆中部东西向1760公里的天山山脉，把温泽的北疆与干热的南疆之间予以鲜明地划界，其间更界定呈现出了"两盆"（准噶尔盆地、塔里木盆地）与"火盆"（吐鲁番盆地）。而天山北坡的苍林绵延，南坡的草地畜群，以及水系边的绿洲（巴音布鲁克湿地）和沙荒区的风蚀地貌（魔鬼城、怪石沟）等，真使人惊叹大自然造物的用心之深、用力之久，既赋予严酷生境中的呵护之功，又给予坚韧的历炼。

图1-51　雾笼湾流（摄影：范宵鹏）

图1-52　哈纳斯秋色

新疆北部的沟谷湖区和天山阴坡、半阳坡的湿润生境，使雪岭云杉苍劲高耸、世代演替，寒温性针阔混交林多彩多姿。而缓坡的（额尔齐斯河、塔里木河等）润泽着河岸阶地，油粮作物与中旱生型的树种（胡杨）等，呈现出绿洲及绿带、绿条、绿块、绿点的鲜活景观。还有巴音布鲁克的湿地水草盈绿、河湾照影。

至于大自然对于新疆大地历炼之"苦心"，反映在高山冰雪融水的"坎儿井"潜流；干荒地胡杨树的深根与"三个千年（千年不死、千年不倒、千年不朽）"，以及胡杨叶面渗出点点碱水"泪珠"等的坚韧之适应精神，以及两大"盆地"及沙丘上的梭梭、红柳等耐干旱植物的生存状态。（图1-53、图1-54）

至于魔鬼城、怪石沟及古城遗址等，特殊的风沙剥蚀地貌，亦可见大自然的雕凿、磨炼的地史展现，更有将军奇台出土的千余株硅化石。大尺度的大地与生物兴衰史不仅给人类以启示，也给人类提供了丰富的地史宝藏。新疆这一奇特而多姿的地之瑰宝，值得当代人倍加珍视和保护。（图1-55、图1-56）

图1-53　胡杨林（摄影：吴卫平）

图1-54　雅丹地貌

图1-55　硅化木（摄影：王方辰）

图1-56　艾比湖区的防沙障

西南林区：绿得奇美浩瀚

　　我国西南地区的贵州，其地形地貌特色丰富多样，山奇水秀、瀑布高悬。我从1950年代后期开始，即多次往返于滇、贵、川一带，于那时首次相遇57米高、20余米宽的著名的黄果树瀑布群，这是我国一处珍贵的景观资源。那大断层"飞流直下"的跌水，似旱天打雷，声振四周，飞沫四溅，甚为壮观。这次距之前是50年后的再访，我们穿越瀑布水帘，绕山洞直至对面山坡，遥观瀑布顶上的岩层、田、树景观及大小水流，可算是饱览了黄果树瀑布整体的英姿。（图1-57、图1-58）

　　1980年前后，我曾专访贵州的梵净山。梵净山是武陵山系的最高峰，海拔2494米，山体水平岩层，奇峰深谷，植被垂直带谱多样，从山麓河滩地枫杨树干上的髯形气生根飘摇，可见山洪过境与枫杨的适生性状。

　　沿溪上山，常绿阔叶林中蕴藏着"鸽子树"珙桐和黔金丝猴等珍稀动植物物种，山体上段的杜鹃矮林、林地和树干上遍布苔藓。在花期时，苍劲的树冠

图1-57　铜仁锦江滩地丛林

图1-58　滩地枫杨气生根

被点缀得生机勃发，植物景观与叶岩风化后呈现的山石奇景交相辉映。梵净山标志性的蘑菇石，诗意地将"万卷书"展于苍穹之下，更有顶部丰碑式的凤凰岭中的垂直节理小道，攀顶后，亦可纵览峰林云海。记得我当时登顶纵观，武陵山系尽收眼底，胸怀激荡不已，即兴赋

图1-59　梵净山杜鹃古树

诗，最后两句是"若非高原已相许，梵净山中伴晚霞"。（图1-59~图1-61）

云南的地域与林区是云贵高原的主体与核心，它与四周的衔接是：东与川西泸沽湖一带相接，南与东南亚（老挝、越南）诸邻国山水相连，西濒缅甸，北与藏东南林区交错。

云南的山水植被是既辐射外延，又吸引接纳，故植被类型极为丰富。南下段既有印度—马来区系成分，北段又有寒温带暗针叶林分布于高海拔山区。因之构成了川西—滇北—藏东南为一整体而广域的高山峡谷林区。（图1-62、图1-63）

图1-60　梵净山天桥

图1-61　山顶"天台"

图1-62　泸沽湖中绿色长岛

图1-63　共赏碧水

　　云南的地域与植被类型，若以三段来加以区分，除了上述的南北两端外，滇中的昆明、大理、楚雄一带，分布有多种亚热带常绿阔叶树种及相适应的针叶树，使得点苍山与洱海范畴林茂水清，生物宜居而呈现蝴蝶泉景观。南端的景东、思茅与南盘江的林、果、茶的产质量俱佳。而东南隅更有西双版纳，是我国热带雨林—季雨林断续分布的大绿块。（图1-64~图1-66）

图1-64　高黎贡山秃杉林（摄影：王方辰）

图1-65　滇西北暗针叶林

图1-66　河谷针叶林

在西双版纳热带植物园内外，沿途多处独木成林的大榕树和象形的植株，高耸的望天树高达80余米，成林成片，茂密的油棕林，老茎生花的木瓜、菠萝蜜等，巨叶的海芋、鲜艳的叶子花"三角梅"把房屋攀附得旖丽拥绕，池水都被睡莲和王莲重叠覆盖。

而在园区的一隅，一座洁净的无字碑下，长眠着植物学家、云南植物资源的拓荒者蔡希陶先生的英灵，碑旁与他相伴的是他发现研究的药用资源龙血树！但当时，墓碑是一块洁净的无字碑，生物的繁茂与科学家英灵的寂寥，对比鲜明，发人深省，我久立碑前，崇敬地执后辈之礼！（图1-67、图1-68）

我的40年进藏之途，基本上是暮春时节出发于江南，经八千里路云和月，抵达西藏的"江南"——林芝，而进藏路途的中转站总是在四川成都。

对四川印象很深的是成都平原上的"林盘"与丛生竹，邛崃山上的雾与怒江山坡面的路。进藏的迢迢路上，景观多样、气象万千，而且学思不断，常走常新。

图1-67　西双版纳棕榈林

　　由北亚热带杨柳岸"晓风残月"的金陵，到中亚热带海拔500米的"盆底"锦城，总是自作多情地"常把他乡作故乡"。对成都郊区农家院落和房前屋后的丛生竹很为欣赏，认为是自然林盘环绕和庇护的理想家居农耕环境。

　　在单车进藏中转成都的间隙，常行走在主要是几种桉树和樟树庇荫的人行道上，访文化景点武侯祠、杜甫草堂、三苏祠等，也流连于竹丛、林荫和诗文楹联之间，吸收着文艺与绿意，以备精力更充沛地攀登西藏高原。

　　自成都向西攀四川的"盆沿"邛崃山脉时，清晨的浓雾氤氲着油菜花，一路铺展送我们上路，这种温柔的雾景和我的乡情很贴合，更让我想起一次返程时，夜行出川至汉江之滨，浓雾围在车前轮下，遮挡着前行的视线，使得车辆几乎迈不开"大步"，只能在车灯的光柱中缓缓而行，出沟后始见江畔林立的高楼。

　　对于前后十数次的川藏线之行，其南、中、北三线均走过，而最常走的是中线即国道318线。于川藏线上的多次历程，有幸得观各式景观天象，那二郎山的垂直绿带，大渡河干湿交界处的瀑布云、铁索桥、"跑马溜溜的山上"

图1-68　热带植物园中无字碑矗立

和"云、冷杉倒置"[①]的坡面，折多山上的高寒草甸和内陆罕见的"海市蜃楼"天象。我们更行走在雀儿山硕大的圆月下和新陆海的密林中，起伏于"三江"（金沙江、澜沧江、怒江）流域，尤其是传说的"怒江山九十九道拐"，我曾和"科学知己"黄宗英同行时，仔细地数了属于180度"回头弯"的路，自家订正为"五十四道拐"。此后进八宿的"老虎嘴"，出口即为藏东南的"林海"、波密然乌湖，这算是川藏线之行的一个站点，皈依了高原！

---

① 对暗针叶林云、冷杉接触较多的专业人士，往往习惯于视寒温带中冷杉分布于上，云杉分布于下。故当在大渡河干热河谷坡地上海拔3500m以上出现中旱型川西云杉林而不出现冷杉林时，常称为"云、冷杉倒置"。但就个人观察思考为：该处的海拔3500~4500米范围内的寒温带属"中旱型"寒温地带，故中旱生型的云杉种适生，而湿生型的冷杉类不能适应生存，这就是"适地适生"的自然反映，无必然性"倒置"之说。此类现象在我国其他地区的考察中亦有同理的自然反映。

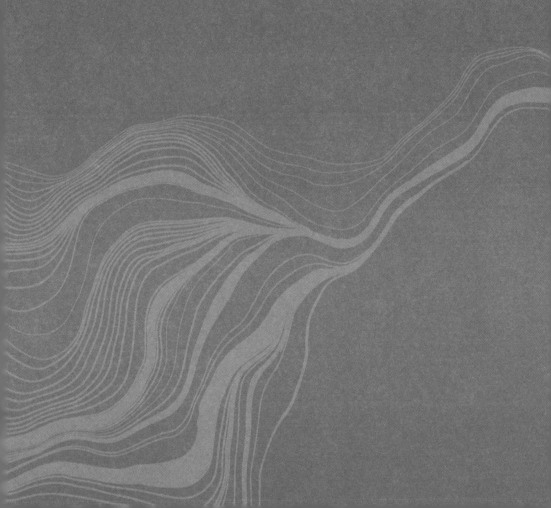

二、高原跋涉　探宝展珍

藏东南林区∷高山深谷　密林叠翠

藏南四谷∷南缘承露　绿染沟岭

藏北羌塘∷高亢辽阔　宁静砺炼

藏东南林区：高山深谷　密林叠翠

对藏东南林区的初识与认识

对于西藏高原的认识，世人皆有个落差极大的过程。半世纪前，在多数人的印象中，西藏高原遥远而荒凉，雪山草地，人迹罕至，更想不到那里有森林。

而对于我这个"林家"人来讲，稍有了解的是：在20世纪中叶，新中国解放、西藏民主改革后，有专业人员陆续进藏综合考察。从介绍资料中得知西藏高原也有植被森林分布。

而"天降大任"，得以亲历的是：1977年国家林业部下达援藏教学任务。正有我所在的学校（当时的南京林学院），所从事的专业学科（森林生态学）。我通过争取、整装（专业设备等），登程西行。从此开始了我后半生的西藏高原的事业与人生。

自1978年春的首次进藏，沿途行、观、"踏察"，到援藏教学科研。对我而言，只能算是对藏东南一线绿野的初识，填补了专业的"空白点"。

面对满目的自然珍稀景观，我就此托付终生，投身林海高原。攀坡、下谷，探绿、寻珍，学习、思考，由少知到逐步深入，由点线到系统到整体。

西藏高原是位于东南亚、我国西部的独立的极其宏观而整体的地理单元。其中包含着三大片形质各异的生态地域类型。

第一片，藏东南林区，是高原面东侧沟坡绵延的生物绿屏障。气候带区梯度完整，生物植被组分珍稀并蕴含孑遗。更与川西、滇北林区一体相连又各有特色，是各类多样性植被汇集之地，是我国西南立体而广域的一大独特的高山林海大系统。

第二片，藏南的数列高山和极高山，是高原成型的构架、护卫四方的玉屏风。迎风面、背风面的分水岭，是冰雪生态系统的居高汇源的天池水塔，喜马拉雅山系的海拔8848米的珠穆朗玛峰是地球"三极"的"高极"，更是统领全球的生态制高点。而其南坡迎风面的一处处深邃的沟谷却绿得滴翠，物种丰盈。

第三片，西藏高原的中心部位，是高亢辽阔的高原面。以往常被认为是干荒贫瘠、无法生存的"无人区"，而实际只是生境较为严酷的"少人区"，更是承受砺炼的坚韧生物的活动区，而羌塘疏草，湖沼星布，更扩展而与青海、新疆起伏相连。

此三大"片"，异型而同域，互撑而通达。高原面的大尺度隆升，同时铸就了东侧的千沟万壑，蕴宝藏珍。

至于南沿的数列极高山，更有切割深沟、举世独特的雅鲁藏布江大峡弯，纳印度洋暖流，承逆风面飞雾，拥护着藏东南林区气象万千、绿荫满坡。

这三片一体，居于全球生态制高点的"战略地位"，真可谓"天造地设"，是大地上的奇葩。这是我一介自然之子，数十年的往返探索，学习思考，从无知到少知到认知，以宏观、立体的角度的思维收获！

1978年春，我从南京西行"八千里路云和月"，由川进藏，越"三江"，入"老虎嘴"（八宿），沿然乌湖畔的帕隆藏布江向色季拉山和尼洋河流域而行。这一路观大美的林海，经绝险的断桥塌坡的"大塌方区"，更悬吊于溜索，直向目的地林芝而行，这也是我的首次进藏之途。（图2-1~图2-5）

图2-1　邛崃云雾

图2-2　折多山伐后更新

图2-3　贡嘎山冷杉披雪（摄影：张超音）

图2-4　金沙江与巴塘河汇合处

图2-5　怒江山"99道拐"

鲁朗-林芝林区：绿波起伏、碧水绕洲

　　藏东南的鲁朗、林芝林区，是一片以念青唐古拉山系的色季拉山为界的东西坡辽阔起伏的林海。东坡地势奇峻，强褶皱、大断裂、深切割形成的举世无双的大峡谷。峭壁、沟壑、水系发育，尤其是雅鲁藏布江大拐弯一泻千里，发挥着入海迎风卷雾纵深的功能。使这个大坡面与一条条支沟，生态蕴奇、植被含珠，形成了特有的大峡谷系列林区。

　　鲁朗峡谷林区（含鲁朗、东久、通麦、易贡湖林区）及其纵深的沟谷，山体海拔3000米以上是连绵的云、冷杉林，中坡以下是高山松和各式针阔叶混交林，或巨树单株耸立，或林分起伏壮阔。

　　东久沟内滩地高山松林是绝佳的林副业资源基地，海拔2000米左右的通麦地区更属于温润地带，藏柏巨木、华山松等大树耸立，茶园层层，乔松、樟科等林木生长茁壮，珍稀物种多样。

　　至于易贡湖区，虽峰峦险峻，但湖光山色，林木奇秀，在林业专业人员的眼里这就是人间天堂，绝佳的探奇访珍之地。而驻足于易贡湖口，南观强褶皱、大断裂、深切割的峡谷地貌，遥想雅鲁藏布江大拐弯的惊世胜景，此后的高原林海行踪就此命定了。（图2-6~图2-12）

图2-6　鲁郎林区之一

图2-7　鲁郎林区之二

图2-8　林区牧场

图2-9　东久沟滩地高山松林

图2-10　藏青杨大树

图2-11　色季拉定位站

图2-12　林中小村（鲁浪，海拔3500米）

当翻越了海拔5400米的色季拉山垭口，由东坡向西坡，是宽阔的河谷林区。在森林垂直分布的下沿，海拔3000米上下的尼洋河谷底，只见滩地柳林、山桃成片，农舍掩映、牲畜安闲。这种群山雪峰护卫下的"江南景色"，真是既突兀又和谐的"西藏江南"！

图2-13　遥观尼洋河谷

这里就是我四十年前援藏的目的地——西藏农牧学院，她位于"春来江水绿如蓝"的尼洋河畔，藏东南密林秀木的拥绕之中。我真是一见钟情，就将此视为倾注后半生的事业与人生之地，开始了高原生态的教学、科研春秋。

尼洋河全长305公里，流经我们学院，流向下游河漫滩"三角洲"——此后我郑重呼吁尼洋河流域是高原绝美的三角洲，汇入雅鲁藏布江中下游。此段辽阔江天、滩平草茂、柳林依依，是农、林、牧综合发展的富饶的高原尼洋河三角洲。（图2-13～图2-19）

汇入尼洋河的支流沟谷深邃纵横，藏宝蕴珍丰厚，我上溯下延，探宝访幽。其中巴松措林

图2-14　巨柏古树

图2-15　尼洋河谷山桃怒放（林芝，海拔3100米）

图2-16　大花黄牡丹

图2-17　尼洋河油菜花

图2-18　尼洋河三角洲

图2-19　尼洋河柳林

区是尼洋河中上段的一处独特的沟谷系统，冰川形态齐备，冰川堰塞湖巴松措和冰川羊背石（湖心小岛），形成了奇美的高原湖区风光。深70米的湖水澄澈，湖滨的沙棘丛林树高可达近20米，雌树上沙棘果实累累状如玉米粒集生。坡上云、冷杉暗针叶林中，飘摇着浅绿色的长松萝，这里是我们学院林业教学、科研的"常设"基地。（图2-20、图2-21）

图2-20　错高湖湖心岛

图2-21　雅鲁藏布江郎县河段巨柏沿水线生长（摄影：杨勇）

　　尼洋河右岸的更张支沟，伟岸的高山松林成林成带，幼树呈丛扎堆，一派郁郁葱葱的生机。觉木沟海拔3500米左右的坡中段雾林带，景观典型而特异，云雾飘忽，长松萝悬垂，更特异的是林中裸石的象形（似猛虎下山），在季节中变化着色彩：秋——黄老虎，冬——白老虎，春——绿老虎，煞是奇景！

　　而左岸的林芝谷地，更分布着西藏高原特有树种雅鲁藏布柏木林，其中有2500年以上、树高50余米、胸径4.2米、11人方能合围的古树（应属"世界爷"级）。

　　至于尼洋河下游与雅鲁藏布江汇合后的南伊沟湿地林区，一丛丛塔头甸子上，生长着各色山花和樟科类的灌丛，主林木既有暗针叶林的冷杉，也有垂枝柏以及杜鹃中林等，是一处独特的支沟林区，自然资源丰富且原生完好。

　　面对着大尺度河谷、林海、各种古树及散落的冰川漂砾，我仿佛听到了洪荒时代冰川过境、造山切谷的磅礴声势，更看到了各种生物在严酷生境中艰辛地生存生长的坚韧与演进！

在此，我这个被大自然感召与感化的生灵，衷心地奉献了两点：一是开展援藏的专业教育教学（1978~1980年）；二是创建高原生态研究领域和研究机构（1978~1995年）。

在援藏和调藏期间，所教课程以森林生态学为主，除此之外还教过植物生理学、果树生态学、日语语法以及珠峰保护区干部培训班等课程。我竭力地备课，不辱使命，颇受学生们的欢迎。

授课之余，利用单休日，组织学生兴趣小组去附近的林区考察，既学知识，又观山赏水，"沾花惹草"，调查林区、收集资料。外业调查时野炊篝火，就在灌木枝条上插上馒头，架在篝火上烘烤，我戏称之为"钓鱼"。此后，这就成了师生间外出考察的专业"暗语"。学生常问："徐老师本周末去哪里'钓鱼'？"师生之间的野外调查虽然艰苦但其乐融融。

在初识、探识藏东南林区的过程与思考中，我越来越深刻地感受到，西藏高原是生态研究领域独特的、举世无双的绝佳研究基地，应尽快尽早创建高原生态研究领域。于是我从进藏开始，就如苦行僧那样三步一叩首，在行、在做、在呼吁、在用心灵和双手争取把它捧上全球科学的圣殿、坐上早已虚席以待的宝座。

当袖珍的高原生态研究所在尼洋河岸边耸立，研究所的门厅里，我把高原生态研究所的宗旨大书于墙上："努力揭示西藏高原生态特色，合理开发西藏高原自然资源"。

西藏高原生态研究所规模虽小，人员亦少，但却是我国高原生态研究起步的地方，也是我梦想成真的地方。我更把她当作热爱西藏高原的科技人员之家，我爱称其为"高原小木屋"。多少次外业考察归来，多少个暮鼓晨钟，这座小木屋、这座"科学的小庙"，是我净心洗尘、专心研究、潜心思考、皈依自然的温馨之地。

对于高原生态的研究，我们边建设，边调查高原植被、森林的本底，边设置生态定位观测站点，同时还从事一些托付产品的成分分析与试生产等项目，期冀逐步积累实物、资料、数据，揭示西藏高原的自然资源优势与合理开发利用价值。如尼洋河、雅鲁藏布江及山泉水的水质分析；高山松松脂、松节油的成分分析；几种食用菌的成分分析；沙棘果实的维生素C、油脂、糖分的分析等等。"变废为宝"试生产了沙棘等系列饮料。

这座小小的、初创的、高原生态研究基地，似乎"引进"了高原的广阔天地，汇集了高原的点点精华资源，也使我们度过了辛勤而充实的日日夜夜。我们既历经了自然的艰辛，也享受了高原稀有的馈赠！人生如此，夫复何求！

波密岗乡高蓄积量林芝云杉林：
密林高耸　温润独特

对于藏东南的林区考察，其中波密岗乡林区是我在西藏考察中历时最久、倾注心血最多、享受与艰辛最为极致的三处之一。波密岗乡林区位于泊隆藏布江大卡湖湿地的谷底缓坡上，为海拔2700米左右的山地温带湿润气候区的林芝云杉林。我从1978年开始，踏雪寻"宝"——巨木密林的惊现，此后连续于每年生长季深入考察，前前后后共历时七个春秋，逐步实测至1公顷标准地，对地上部分的立木进行生长量与生物量的测定；对林内植被层进行等距布点的组分、称量测定，并对根系的分层分布与生物量规律测定。

可真算是"上穷碧落下黄泉"，为的是对这片高产、优质、长寿的天然林，分析其形成因由，反映其当前状况，预测其发展趋向，将其展现于世。企望共享、共珍与共保。

波密岗乡这片林芝云杉林实测的结果是：1公顷蓄积量达3831立方米，为高大（主林层平均高65.1米、平均胸径114厘米）、高龄（主林层平均年龄250年）、高蓄积量的藓类—云杉林。（图2-22）

林分的垂直层次完整，共有七层：林木层、更新层、灌木层、草本层、苔藓层、藤本层（层外植物）、凋落物层。尤其是苔藓层、藤本层发育充分，当时就感到了此范畴的林分颇具有温性雨林的特征。

对于林分景观，我曾由衷地点赞为：在壮观的林木层蔽荫下，林内温凉湿润，灌木和草本均匀分布，苔藓层发育良好，形成几乎遍布林地的绿"毯"。林内的藤本植物茂盛，而且可蜿蜒至树冠层，加之松萝飘曳，形成温性雨林的特有景观。这样的林分景观恐怕在我国乃至全球均属罕见。（图2-23~图2-25）

直至三十余年后，当我对五洲进行点线式的生态对比观光中，看到澳洲的

图2-22　高蓄积量林芝云杉

图2-23　云杉林内景（海拔2750米）

图2-24　云杉巨木

图2-25　树高54米胸径2.9米的林芝云杉

图2-26　林下植物桃儿七

塔斯玛利亚岛中的林分，和非洲的乞力马扎罗山区中下段温润区林分等，均属于异域同类、组分各别的温性雨林，真是大为感叹自然界的珍稀及其规律性的展现与联系！（图2-26、图2-27）

图2-27　林区秋色　　　　图2-28　惊涛拍"桥"

至于岗乡这片优异的林分，其资料和结论的获得，我和同伴们真是吃遍了人间各种自然之苦，但也享受到了常人难以相遇的奇观、经历，更收获了林海奇珍。回顾七载春秋中林区考察的二百多个日日夜夜，一幕幕情景显现：进出岗乡之途，我们曾悬溜索、过急流；也曾涉水护卫"水陆两用车"；还有车头起火，冲过朽桥等境遇。至于行进途中遭遇独木桥时，或"平衡木"式，或骑马式，或跪爬式而过，只能随"桥"应变了！林区科考中常常受到小虫叮咬之扰，很是麻烦，只有在此时对同行考察的抽烟者"解禁"，请他们烟味发挥驱蚊之功。（图2-28、图2-29）

对"主业"的林分调查，要求：实、细、准，目的是反映本林分各要素在量上的独特优异，而诚然是居于首位！为此，进行适量的不同径级的树干解析，全株生物量，根系分层分布及生物量等。

至于树干解析，是个既粗（伐木）而险，但"原始"而细的工序。险在倒木时，地动

图2-29　"水陆两用"车

山摇，枝叶横飞，可能伤人，但却要争取全样。而伐倒木的基盘的年轮测定要在当地迹地进行。根系的分层取样也得就地争取全量采选。而这些是在迹地的细活，还要将多数圆盘及干、枝、叶、根样等，分别背下营地，是为帐篷中夜间作业的内容。

从林区的返程途中也很有情趣，我们常小憩于林缘，有时会被飘落的杏花撒在头上、发中、肩上，让我们感受到山林中宁静的愉悦。有时我们的动静会在一片阔叶林中惊起一大群绿毛鹦鹉，这是一种多宿于当地山林的小鸟，飞起时似一片绿云，鸣声喞喞而过，又使我们享受到山林的生机和天籁之音。（图2-30~图2-33）

图2-30　林缘牧场

图2-31　滩地林分

至于林中的"副产品"，有蘑菇，也是我们收工下山时，随手采到的"添加剂"，常常在一大锅白菜一大肉罐头汤中增加美味。但有一天可能收工较晚，误采了一只毒蘑菇，结果当晚帐篷中就有了此起彼落地的"排毒"反应。第二天被集体卧"蓬"一天，害得外出林区取信回营地的小战士尼玛差点要与我们共同"归天"了（当他回营地，得知我们群体蘑菇中毒后，真情地讲"如果回来看见你们都死了，我也不活了！"）

岗乡的历程给我们留下了难以磨灭的印象：那高耸的、庄严而生机葱笼的林分永远挺立在我的脑海中，我为我国西藏高原能孕育出如此优越的林分而

图2-32　大卡湖

图2-33　大卡湖弯

自豪，为我们历年的考察参与者具体而辛劳地工作成果的展示而欣慰，为我们二百多个日日夜夜，人与自然之间的和谐之情而珍视！当我2016年重归岗乡时，在保护碑前，真是热情涌动、热泪盈眶，更想到我的科学知己——宗英姐三进岗乡（1994年），十载重聚在岗乡，在野地帐篷中与我们共度所结下的科艺交融之情！

我曾在岗乡的野地帐篷里，著文赋诗：

值1994年春夏之际，我率队探幽于雅鲁藏布江大拐弯，为高原生态、西藏珍宝的科研考察作最后一搏时，我的科学知己、生死之交宗英姐不顾七旬高龄、金秋燕尔、三赴西藏，义举援我。高原不适、病榻缠绵，均未改其初衷。待大病初愈，即与我过塌方、渡险滩、跨危桥、重聚于岗乡。露地甫至，下车纵观，宗英姐疲惫无迹，笑靥星灿！窃思凤翔，何德何能？遇知音、承暖流。面对山川之隽秀，人物之英才，思绪潮涌，慨而感之，短文小诗，寄感抒情！

十载重聚在岗乡，雪峰白首遥相望。

溪流淙淙诉别情，古树野花送幽香。

细雨润发晶莹露，晚霞照影人成双。

密林巨木千秋护，科学知己天梦长。（图2-34）

图2-34　国家级保护区丰碑

墨脱林区：山川形胜　资源珍稀

对于藏东南墨脱林区，我曾于三十余年前，敬谒考察三次（1983年、1986年、1991年）。进墨脱考察的计划起源于最初两年的援藏期间（1978~1980年），得知雅鲁藏布江下游入海口处，墨脱林区之幽深、特异、绝险、绝美。

但那里人迹罕至，被人们视作为畏途，1980年代之前仅有少数专业志士深入墨脱探访过，如《西藏植物志》的编撰同仁们，以及中科院系统与原四川灌县林校等科研教学机构的同仁们。

当我因从事林业教学、科研往返于藏东南的色季拉林区时，总会在通麦大塌方处，遥观三水合流（易贡湖、帕龙藏布江汇入雅鲁藏布江）的南向远方，对墨脱林区心驰神往。

一探

故1983年对墨脱进行了首次专程考察。而这次考察在进藏之前就有所计划，"明知山有珍稀（也有险），偏向墨脱行"，但只能"自我行"，不敢"邀人伴"。

而有幸的是，当由川入藏途经昌都时，林业局宋局长慨然派了三名青年科技人员陪同进墨脱，而其中有两位还是我援藏单位"农牧学院"的学生，被期望为进修培养。于是我们四人小组开始了"探幽历险"墨脱行，此行还真大开眼界，也有大险情。

考察起始，经林芝、米林，被进墨脱的边防官兵接纳，从派区翻越海拔4200米的多雄拉山脊冰川，时值6月下旬，而这里却还是冰封千里，我们只得绕边而过。在边防战士的帮助下，两名战士搀扶着我，边溜边走，每隔50米左右就得换人，同时还有战士在路前方用锹等工具在冰面上筑出"小脚蹬"，让我踩在上面，顺利通过"圈椅式"下延的冰川。翻越途中，年轻战士们都脸色发青、嘴唇发紫。我既领教了过冰斗之难，更感激他们的无私帮助，并为增加了他们的负担而感到愧疚。之后，战士们跑步赶路而去，而我们考察小组也下至海拔3500米的拿格兵站。（图2-35~图2-37）

　　拿格兵站仅有战士两名，专为接待部队过往稍息而设。我们一行至此已无力再赶路了，就在兵站的茅草铺上住了一夜，还受到战士的热水、热饭、热火

图2-35　进入墨脱过噶龙拉冰"胡同"

图2-36　冰川堵路，陡坡放车
（墨脱冰碛湖，海拔4200米）

图2-37　嘎隆拉山口的冰渍湖

炉的款待。这里的夜空宁静安详，只有周围疏生的"旗形树"（偏冠的冷杉畸形树，向常风方向的一侧树干的枝条难以生长），像黑衣卫士与小兵站的战士相伴，这样的环境没有爱心与定力是难以坚守的！

告别拿格兵站下至约海拔2800米的军队连部，再沿途至解放大桥，这一带的铁、槭、桦林起伏，组成比例也反映出了当地对天然林的利用情况。铁杉立木占据主体，粗壮挺拔，延伸至人为活动较少的远方。沿途再向下，沟渠纵横，在海拔近2500米处有巨石立于水中，这就是冰川漂砾的下端了，不禁使我想到察隅米堆的云南松林中，冰舌下沿，基本同于等高处，也有冰川漂砾。

当行至多雄河汇入雅江时，在海拔1100米处有长约300米的跨江大桥"解放大桥"。雅鲁藏布江两岸梯田层层，还有一簇簇野生芭蕉、丛生竹等，点缀着田头村落，更显出水碧山青、五谷丰登的田园风光。至此，我恍若回归了江南，而且还是雪山环抱、上寒下热、特异典型、热带风光的江南啊！

过了解放大桥，听当地人介绍格林沟内有一片盆地松林，较为奇特。我们循路前行，果然一片洼地乔松林，生长孱弱，很属少见。于是作了简单标地和立木检测，调查了这一片古地震塌陷地带的林分状况。由于洼地湿度较大，蚊蚋丛生，我的手面上1平方厘米居然被叮了14个小血泡，重重叠叠。

格林沟是边防交界处的一处营房，战士们对我们入沟调查的工作很为支持，而我们也看到了边防战士的卫国之情和生活之苦。仅是站岗时受蚊蚋叮咬就很具体，湿热之处也要长袖整齐，才能稍防虫咬。

在向墨脱前行的路途中，还在海拔1100米的布琼湖的原生山地热带常绿阔叶林作了调查，这里林相茂密、藤蔓垂悬，使我们似乎开启了一只资源宝盒，如获至宝！

此次考察，我们在当地雇请了民工5人，临时组成了9人11狗的队伍。进入布琼湖区，面对小型火山颈口下的谷底密林，湖滨地下水几乎达到地表。夜晚，我们只有用芭蕉叶垫于小帐篷下以隔水，4人和衣而卧、绑腿整齐地挤在双人小帐篷中。但是无论生活历程如何困苦，却浸沉在所观所学的喜悦之中。

此后向墨脱县的行进中，还调查了著名的德兴乡藤网桥附近的植被，这里距雅江两岸海拔800米左右，山地热带植被更加丰富，调查到特异物种"老虎须"——仅一科一属一种，还有多种棕榈科物种（如小董棕），多种丛生

图2-38　横跨雅鲁藏布江的藤网桥（海拔850米）

图2-39　珍稀物种——老虎须，海拔850米

竹以及长蔓的楤藤子等。这里是山地热带雨林的下段，又是水汽常年氤氲之处，更有一条150米长的藤网桥，形成独特而质朴的景观！（图2-38、图2-39）

当越江攀上400余米的低山台地时，墨脱县竹木结构的"县衙门"安然悄立，我们到达墨脱县城后，被盛情地安排在高脚屋"招待所"中。

翌日，我们"正式"开始调查越江对坡的仁钦棚林区，这里是海拔1500~2000米的南亚热带常绿阔叶林，高大的常绿壳斗科栲、槠等矗立，榕树茎根扩展，结实累累，丛生竹占据了林冠

层的中层，而林下的蕨草也能长至近2米高，使人在小径上"分草拂叶"而行。实际上，就在这片特异的林分中调查时，我已染上恶疾，但依然享受着专业上的"饕餮"。（图2-40、图2-41）

在坚持回到驻地后，我开始昏迷，随后住进墨脱县空无一人的竹棚医院，高烧41.5℃，失忆了数日。幸得当地驻军周军医确诊为"恶性疟疾"，并又倾药相救，于是成了当地恶性疟疾生还的第一人。而当我病愈告别墨脱出沟时，虽有憾于未能继续考察，但也感到有幸的是在进墨脱途中，见沟就进、见林就钻，考察到、调查到、收集了一些林分的类型组分、图像资料等。虽然甚为艰辛，险些"骨埋青山，魂归江南"，但这次踏查初探，却把我指向了一条继续"寻珍探宝"之路。

"九死一生，墨脱庆还。
雅鲁江畔，傍水面山。
云朋松友，深情召唤。
一息尚存，不落征帆。"

图2-40　高15米的桫椤，海拔1100米

图2-41　墨脱县城鸟瞰

二探

在第一次进入墨脱考察的时隔3年后，1986年我有幸无条件地乘坐军用直升机作了一次藏东南"绿宝石项链"的空中航行。绕多雄河、雅鲁藏布江流域一线，当我从半空中俯瞰雅鲁藏布江大拐弯及其周围的雪峰、绿坡时，真被这独特的山川形胜所振奋万分，南迦巴瓦峰和加拉白垒峰巍然肃立，而森林垂直带呈现出苍绿－浓绿－嫩绿和层层梯田，把高原大地集成奇秀的绿色之波。而当我遥望位于雅鲁藏布江下游的墨脱地区时，真感到既是一块绿宝石，也是一座高原孤岛的价值的体现。

而更直接的是触发了我决心深入揭示在如此独特而优异的环境中，物种分布、生长规律、生态特色及其价值与保护。于是第三次探访墨脱及其命题就在直升机绕行于大拐弯的上空形成了。

三探

1991年，我们组织了高原生态研究所及农牧学院电教室、林芝行署科委的科技人员，还邀请了江苏植物所的专业人员和两位援藏记者，进行"墨脱珍稀濒危植物及自然保护区分布"的课题考察。对于区外的专业交流，既是充实人员实力，也是标本交流与扩展。而对于西藏本区而言则是展现本土资源的珍稀价值与区划保护区的专业依据。

记得出发前，学院送别会上我以诗致谢：

花甲之年，深山探宝。

珍惜瑰丽，墨脱三召。

盛情相送，无以为报。

奉献夕照，青山不老。

通过五十余天，二十余人，野外考察及内业整理，对墨脱珍稀濒危物种的数量、质量，尤其对其内涵的探讨与界定，进行了较为细致的科学研究。并通过调查吁请建立不同层次与类型的自然保护带、块、点，以保护墨脱的珍稀资源物种。

首先，我们由东线越嘎隆拉进墨脱，由冰雪带纵深至山地热带，这数十天的考察，较深刻地认识和印证了：

1. 墨脱气候类型和森林植被垂直分布明显而完整

海拔由低到高，有山地热带雨林、季雨林带—山地亚热带常绿阔叶林和常绿、落叶阔叶混交林带及亚热带松林带、温带松林带—山地暖温带、温带针阔混交林带—山地温带、亚高山寒温带暗针叶林带—高山寒温带疏林、灌丛带—高山寒带草甸、草原带——高山寒带砾石滩植被等。

2. 森林植被种群组分丰富

已知有维管束植物有162科、562属、1200多种和变种，墨脱特有种约133种。森林主要建群种约有25科、44属、近100种，有热带印度—马来成分、欧亚成分和一些古老孑遗成分。

3. 生境优越处，林木生长良好

常绿阔叶林高度有30~40米；铁杉、冷杉可高达50米；阿丁枫、小果紫薇高50~60米以上；桫椤高15米以上；藤本长80~100米等。（图2-42~图2-47）

其次，对墨脱珍稀濒危物种的探析。

一般把"珍稀濒危"视为一词，似乎"珍"即是"稀"，而实际上"珍"是指"质—质量珍贵、作用特定"。"稀"是指"量—原本数量少、分布局限、濒临危亡"。一些物种，既珍且稀（墨脱冷杉、墨脱石栎等）；一些物种，珍而不稀（尼泊尔桤木、高山柳、杜鹃等）；一些物种，稀而不珍（对环境影响不大、作用不明显、其有无不影响生物链接的草类等）。

而对"珍"的方面，也应仔细划分，如树种在作用方面，有材用、药用、食用、特用等。在价值方面，有硬材、软材、析出物等。在生态效益方面，多种先锋树种，具有护土、保水、修复生境的作用，如尼泊尔桤木等。

第三，对墨脱珍稀濒危物种的珍视与保护建议。

基于墨脱范围的集众多珍宝于一体的状况，呼吁建立不同层次与类型的自然保护带、块、点。如山地热带雨林、季雨林区，此带的特有珍稀种较密集，但遭到的破坏亦甚为严重，故应以"带"的保护为主；在山地亚热带常绿阔叶林区，以"块"的保护，如布琼湖保护区等；还有一些以特定种如米日的小果紫薇林分

图2-42　墨脱芭蕉林（海拔1100米）

图2-43　墨脱小果紫薇上的附生植物
（海拔900米）

图2-44　阿丁枫巨木　图2-45　榕抱石

图2-46　藤萝悬垂的亚热带常绿阔叶林

等，故应作"点"的保护。当然，我们希望对墨脱林区划定较大范围的、甚至总体性的保护。至于当前旅游之风逐渐扩散至这幽深之地，但似乎应以保护为主，合理开发，控制规模，支持科学考察。（图2-48）

图2-47　墨脱常绿阔叶林中藤蔓茂密（海拔1000米）　图2-48　墨脱塌方路段

雅鲁藏布大峡弯林区：上溯下汇　雾拥奇葩

对于雅鲁藏布江大拐弯林区的植被及生态特点，是早就心向往之的考察地点和项目，但该项目又确是需要先做出周密计划方可进行的。因而当我对其周围的重点林区做了考察后，于1991年开始筹备对藏东南林区的核心地带、水系网络的中心、雅鲁藏布江大拐弯，进行上溯下汇的科考探究。

1991年以来，我们对雅鲁藏布江大拐弯林区连续进行了3次考察，既有纵深探新，又有系统联系，而对奇特的大拐弯段更是倍加关注，重点关注在是怎样的内外应力造就出了这个举世无双的马蹄形大拐弯，又对周围的生境与植被有何等深远的影响？（图2-49~图2-51）

图2-49　俯瞰大拐弯
急流

图2-50　马蹄形拐弯
（摄影：王方辰）

我们从考察的常驻地扎曲村出发，每日上下800余米至江边水岸，沿途穿云海飞雾，观露润山花（大丛黄蝉兰等），进入江畔的南亚热带山地常绿阔叶林。这里的林分主要由常绿壳斗科和榕树的一些种组成，林分郁闭度极高，藤蔓游走于地面，蕨类似绿丝带悬挂于树枝，而树干上的附生植物成层满布，把林缘木打造成高大的绿色树墙，或似绿植帘幕。这就

图2-51　扎曲山村

图2-52　烟雨朦胧中的亚热带常绿阔叶林　图2-53　大拐弯坡面上的黄蝉兰
（雅鲁藏布江大拐弯，海拔2300米）

是水汽常年氤氲的滋润之功吧，使得雅鲁藏布江对岸向阳的江畔乔松林成片苗壮，还有零星的木棉树绽放着点点红花。（图2-52、图2-53）

两岸茂密的乔、灌、草，护卫着帕龙藏布江与雅鲁藏布江汇流后翻飞的急流绕曲而去，那种壮观的情景使人的胸中充满了对大自然的豪情、激情与感恩之情，当时我激动不已，文胆与诗心大发：

几番曲折，几番惆怅，几番惊喜，雅江大峡湾生态、生物多样性考察终于成行。渡隘关，历"炼狱"，雨汗交融，大艰辛，赢来大享受、大陶醉。

曲江、湍流、苍林、峻岭，奔来眼底，震撼心胸。一访恋恋，再访依依，三访尚意犹未尽。叹造物天工，变幻无穷，常探常新。

作诗三首：

《记三次莅雅江大峡湾水畔之感》1994.04.29

一

雅江峡湾举世惊，三临水畔景色新。

巨石垒岸沧桑证，吊桥高悬峭壁青。

更叹二水汇合处，雪峰溅玉媲晶莹。

绝险绝美遂宏愿，此生不虚雅江情。

二

雅江骤弯帕水曲，环山穿谷遍坡绿。

飞瀑珠光湿幽苔，玉峰碧水胜丝帛。

云幛开合显神峰，薄雾千姿绕苍松。

轻纱柔曼禾木壮，归途暮霭映飞虹。

三

雅江峡湾群峰立，宛若石墙亦似笔。

南峰金辉哈达飘，白垒青杉云波淼。

为探珍宝进密林，物种多样叹葱郁。

造化奇工惠苍生，揭示保护天人悦。

在这里我更深切地感受到大拐弯的山形地貌、水系急流的功效，是大拐弯造就了雅江这一段的大峡谷，而非雅江全程的体现。故准确的全称应是"雅鲁藏布大拐弯峡谷"，或简称"雅鲁藏布大峡弯"。

这里又牵涉到另一问题，即有人认为中国没有峡湾，因为峡湾是滨海或通向海洋的，但"雅鲁藏布大峡弯"却是曲折而绵长地通向印度洋，或曰印度洋曲曲折折地通向大峡弯，而且是深入到内陆深处！

对于大拐弯的考察，我们还进行了寻源上溯，这一线从雅江上源水系的帕龙藏布江及其各分支水系流域林区，我们虽多次或专访或途经，但此次是怀有对雅江大拐弯流域系统的特点优势探析的命题，故力求补点贯通，观测剖析，从树种组分与生长看系统范畴生境及其相关。

沿雅鲁藏布江与帕龙藏布江汇合而上，在坡面、支沟中，曾调查到西藏柏木高50余米、胸径1.9米的伟岸立木，甚至柽木也有高近65米、胸径1.6米。

进入易贡沟，在海拔2300米的冰川堰塞湖周围，"铁"山峭立，林木苍翠，茶园铺碧，进入者无不为如此宁静而生机盎然的湖景所陶醉。尤其清晨，湖上飘荡着薄雾，真是如入仙境。现在想来，这样的生境不仅是山间湖区造盆效应，而与雅江大拐弯系统的上源，承印度洋暖湿水汽深入浸润有直接的关系，使此处山地亚热带季风湿润气候的温润高湿综合效应，造就了宜林、宜农、宜果、宜茶的生物全效适生区。（图2-54~图2-56）

而此处本应是高原罕见的宜居（含旅游）之地，但沟口地带是著名的"帕龙天险"、"通麦大塌方"地段，每年雨季塌方堵路，我们就曾不止一次地受阻于此，也是我曾三次过溜索之处，故而罕见专程到这里来旅游的游客。

图2-54　冰川漂砾　　图2-55　漂砾缝中野桃苗生

图2-56　江畔古桑（雅鲁藏布江中游，海拔2600米）

易贡湖区的典型亚热带针阔混交林，生长茂密而且树种组分的兼容性较高，是雅鲁藏布江柏木与西藏柏木的交汇区，高山松、华山松成片成林，林中还有红豆杉中径木挺拔，藏青杨成壮硕的大树，樟、楠类的立木苗生，更在鹅普村调查到特有树种通麦栎，其中一株胸径2米、树高54米，是否可以称为"通麦栎之王"！？附近还伴生着10余米高的杜鹃丛林，至于林下的各式野花，如一些热性兰科（大花杓兰等）亦有分布。（图2-57、图2-58）

我们溯源考察中直接观察到植被分布的规律性，是在温润状况适应范畴内的超限性反映。据此我们深感：雅鲁藏布大拐弯林区藏珍蕴宝，小范围的考察仅是初见一隅而已，有待持续探索。

图2-57　近于干涸的易贡湖　　图2-58　通麦栎巨树
（摄影：徐凌）　　　　　　　　（易贡沟鹅普村，海拔2500米）

察隅林区：西藏江南　滇藏相连

　　察隅是位于藏东南林区西缘的首座支沟林区，其山川形势、植被组分均颇为独特。当行者经怒江山"九十九"道拐和穿越八宿"老虎嘴"后，往往被视线中的海洋性冰川和然乌湖碧波以及前方的波密林海所吸引，急切地向绿而去，多忽略了左侧方通向察隅林区之道。

　　长期以来，察隅被视为"西藏江南"和半封闭地区，既珍视又似乎较难出入。海拔4200米左右的察隅山口，左傍嘉峨拉山系，右邻然乌湖头和德姆拉雪山。以往这条通道每年冰雪封山时间较长，我们就曾有过与上百辆的部队运输车共同被堵于山口的经历。（图2-59~图2-61）

图2-59　然乌湖头

图2-60　德姆拉山口飞瀑

图2-61　冰封察隅沟
（海拔4200米，1982年摄）

　　而当翻过山口后，山峦起伏，植被成层，水系倾流，直至海拔1300米的下察隅、吉贡等山地暖温带、亚热带植被区，与云南怒江的"丙中洛"（又被誉为"怒江第一湾"）纵贯相连，故察隅是滇北与藏东南的交汇之地。

　　察隅林区的森林植被垂直带既规律性分布，又有其组分的独特性。沿沟而下，森林分布线以上及山地寒温带的草甸、灌丛、暗针叶林的组分与藏东南邻近区域关联一致。（图2-62~图2-66）

　　但山体中段的山地温带——暖温带的组分却以云南松为主组成了明亮针叶林及针阔混交林。其因就是滇藏纵贯相连，使云南松北上扩展分布，而且适生，其生长还优于其原生地云南，1公顷蓄积量达2700立方米。曾在一片洪积阶地上呈现出长寿、粗壮、高耸的云南松单层林，杂灌疏生通透，绿草如毯。

　　对此，我们还予以探究访问，得知是当地习俗，在旱季"烧山祈雨"的结果。对于如此措施，我们不能苟同，因为烧山并不能成雨，反而有损林分甚至酿成森林火灾。所幸的是云南松树皮较厚，较抗火烧，而幼树、灌木则受害了。

图2-62　阶地云南松林
（下察隅，海拔2000米）

图2-63　察瓦龙下游滩地

图2-64　察瓦龙老虎嘴
（摄影：李国平）

图2-65　丙中洛梯田
（摄影：王方辰）

图2-66 怒江第一湾
（摄影：李国平）

　　至于山体的下段，山地亚热带季雨林带区，亦是人类宜居之地，故下察隅、吉贡、沙马、察瓦龙等村寨行政区，直至开阔河谷下沿，为暖性农耕果林的综合生产区，是块片状的水稻、亚热带的果蔬栽培地带，被誉为西藏江南，一些芭蕉、柑橘、红皮花生和西瓜等"特产"运出沟外至藏中地域。

　　察隅林区的气候与植被类型的多样，更反映在其两大主流水系的沟坡范围，东支桑曲，西支贡日嘎布曲，汇合于下察隅。我们经僜村上溯贡日嘎布曲至米堆、阿扎冰川。这一带南与缅甸、印度接壤，西与墨脱相连，沟谷深切、阴润，常绿阔叶树的樟、楠、槠、栲等苗壮散生，更见胸径1米多、树高30余米的云南红豆杉，胸径2米以上、树高50余米的云南黄果冷杉巨树，还有大片的云南铁杉纯林。我们曾骑马穿行于林中，正在慨叹林分之壮美，却受阻于倒木，险遭落马之虞。

　　为了探访阿扎冰川穿林下延的状况，我们沿途经沙棘丛林，分枝拂果（使我联想起在墨脱的"分花拂草"），攀爬于角砾石坡，得见冰舌穿林下延至海拔2500米左右的独特景观。

藏南四谷：南缘承露　绿染沟岭

对于藏南四谷，在大高原总体的位置上来看，若临空环视，横空出世的青藏高原，由三级大台阶构成，其中心是恢弘无垠的高原面，而四周峰峦叠嶂，托举着、拥绕着这一方独特与惊世的地理单元。如果说，珠峰是环绕大高原的众山系的首领的话，那么支撑的骨架、护卫心胸的"肋骨"就是周边起伏的沟壑，众多的沟壑抬升起了宏伟的大高原。而喜马拉雅山南侧的四个半封闭的、幽深的峡谷，是构建大高原不可或缺的组分，而且是拥绕冰峰雪岭的耸立的"碧玉簪"和绿帷幕。

而藏南四谷的地域，具体位居喜马拉雅山中段—南侧的几处沟谷林区，毗邻尼泊尔、印度、不丹等国家。在这里有着连片的森林和植被，虽然国界分明，但山水相连，植被同类。

对于喜马拉雅山南侧的四座沟谷林区，在专业人员的心目中，虽不似藏东南林区的广域而珍重，但因其分布于喜马拉雅山南侧的迎风面，受暖湿气流直接的浸润，更由于分布的断续性，造就了各林区的气象万千，其景观与主要植被也各有特色。

由于此前，翻越喜马拉雅山及冈底斯山而到达林区的交通路线甚为不便，人们较难深入其境内。故自1981年以来，我经仔细策划，每次赴其中的一个沟壑林区做"远征"考察。在专业上收获颇丰，但路途也险象常现，留下了一处处深刻难忘的印象。

以下，由西向东，在1980~1990年间，我们考察了吉隆、樟木、亚东、错那四个沟谷林区。

吉隆林区

吉隆沟，位于喜马拉雅山南坡的最西侧，我们由远及近，于1981年先探访了吉隆沟。翻越冈底斯山，绕佩枯措，蜿蜒行进穿越喜马拉雅山西端的高寒干荒地带，下到海拔3900米的吉隆县城。再由高原面南下至河谷地带，经过江村、冲色，直至与尼泊尔交界的热索桥，这里是海拔1500米左右的宽阔谷口，近乎干热河谷，林区出现了仙人掌群落，高达1~2米，开着黄色的花朵，长势良好。热索桥的中心，也是一道红漆线，界分出中尼两国，这里既无哨卡，更无驻军，我方界内只住有一户牧民。据说，吉隆县范围内，不少人家有尼泊尔血统，两国边民之间亲友交往频繁。

吉隆沟属于典型的半封闭"U"形谷，沟内森林原生且完好，有连绵的冷杉、云杉和云南铁杉、乔松等。更有多种珍贵树种，如西藏长叶松、长叶云杉和红豆杉，或单株，或成林，高大挺拔。（图2-67~图2-69）

图2-67　吉隆长叶云杉、乔松混交林

图2-68　吉隆长叶松世代更新

图2-69　竹林幽径（吉隆江村，海拔2300米）

　　西藏长叶松在西藏高原仅产于吉隆地区，由于其叶片较长而命名，长叶松的针叶长约20~30厘米，林下更新状态极好，有明显的幼林层。长叶云杉也是西藏仅产于吉隆的树种，叶片较长，我们曾调查到胸径2.4米、树高50米的高大立木，树干通直，而小枝下垂，柔和婀娜，极具观赏价值。

　　从吉隆沟的林分组成状况可见，这里的生态条件适宜于物种的分布、交错与融合，是一处生物资源孕宝之地。这就更增加了我原打算在此寻找喜马拉雅雪松的源地之初衷。因为，从中山陵的雪松到分布区的扩展，在国内算是园林绿化的一种珍稀树种，雪松高大、挺拔、雍容。而我也深知雪松原产喜马拉雅山区，其全名是喜马拉雅雪松。所以，我是带着此使命来寻找的。但是，直至热索桥，未见其踪影，原产地想必是在境外的喜马拉雅山区了。

　　返程途中，我们还在长叶松更新茂盛之处开展了测量工作，分苗龄测量生长，正当伏地测量时，一条翠绿的竹叶青蛇，粗约5厘米，长50~60厘米，盘在灌木枝条上，伸向我的头部，距帽檐仅10余厘米。我未察觉，而旁边的人看到，疾呼："徐老师，不要动！"迅疾抓住蛇尾摔死，解除了险情。回到江村驻地后，这条蛇变成了科考队年轻人的一道补养汤，我当然是不忍下箸的。

至于林冠深处，还见到长尾叶猴在跳跃，林边林下多种山花，尤其红花杜鹃，花大色艳，将宁静的山沟映衬得生机盎然。（图2-70~图2-72）

图2-70　林中飞瀑

樟木林区

从1982年至1992年十年间，我曾三次前往樟木林区开展考察工作，并且有一次途经樟木口岸出藏至尼泊尔。樟木口岸所在的沟谷属于典型的"V"形谷，又因与尼泊尔沟谷相连，暖湿气流翻涌而上。沟中浓云飘忽，湿度极高。立木与灌丛常处于云雾缭绕之中，草本蕨类的叶面上，犹如水洗般，水珠淋淋。而岩石峭壁上，长短不等、宽窄不一的瀑布连绵断续，因此，我们称之为"瀑布一条街"。（图2-73~图2-76）

图2-71　火红 杜鹃　图2-72　仙人掌群落

樟木口岸的海拔约为2300米，与尼泊尔仅一桥之隔，"友谊桥"的中央有一条红线，将两国划分开。我们站在桥上遥望对坡，常绿阔叶林跨水连片，遥指加德满都。

隔山相望，山坡一带是典型的山地亚热带常绿阔叶林，发育着曼青冈林和西藏润楠林，林中有显著的藤蔓植物和奇丽的山花野果。我们对樟木林区的常绿阔叶林的林分和物种做了较为详细的调查：曼青冈林和环带青冈林在这里有着广泛的分布，占据了海拔1800~2500米的山坡。生长优异的林分高度达30米左右，优势木胸径达1米左右。伴生树种有西藏钓樟、树形杜鹃、重齿泡花树等。林下，假凤仙成片分布，紫色的矩形花开得烂漫，还有多种姜科植物，红

图2-73　羊湖牧场

图2-74　佩枯错匍匐灌丛

图2-75　樟木沟"瀑布一条街"

图2-76　飞瀑（樟木，海拔2500米，1984年摄）

色的花序十分夺目。（图2-77、图2-78）

对于山地亚热带森林，我们还深入到支沟内进行考察。在立新沟，我们看到了砍取常绿阔叶树"头木"作薪柴的独特现象。

这里常绿阔叶林中樟科、壳斗科的树种，不但资源丰富，而且利用合理，起到了一定的保护作用，形成了独特的树形。在树干高度8~10米左右处，形成截头后圆卵形的树冠，这与当地的砍伐方式有关。当地居民砍柴时，都是尽

图2-77　樟木雾笼铁杉

图2-78　绣线菊山花怒放

量攀到较高的侧枝上去砍，由于水热条件优越，这种方法对树木持续生长的影响不大，还可以促进再生新枝，这是一种高干头木作业，与江南地区柳树的低干头木作业，以及青冈薪炭林的矮干头木作业、干基萌条的原理相同，但做法不同，高干头木作业是既用了薪柴，又保护了林木干形和生长的较经济有效的"生态作业法"。

　　樟木林区的考察，收获虽丰，但吃苦也不少，林区内各种嗜血性昆虫，对人的骚扰严重。旱蚂蝗一日数十条附身也是常有的事，但与此后在墨脱考察时，一天身附400多条旱蚂蝗的惊人纪录相比，仍然是"小巫见大巫"了。

　　樟木口岸是西藏重要的通商口岸之一，尼泊尔边民将生活日用品与民族特色制品进行出入境运输贸易，络绎不绝地运输于山道间，情况亦甚繁荣。人流货流往来的繁荣当然也有引起林火的情况，我们就曾调查了一片火烧迹地的站干木，胸径1.3~1.5米的枯立木比比皆是，也应能起到边境地区安全的警示作用吧！

亚东林区

我们"西藏高原生态研究所",曾于1985~1990年对亚东林区开展了科学考察工作。从江孜向东,经海拔4100米的多庆湖、帕里镇,南下入沟,直至海拔1600米的下司马镇(亚东县府所在地)。这一线沿亚东河而下,山体坡面上也是有规律地垂直分布着暗针叶林、如柱的铁杉林和整齐的乔松林,以及常绿阔叶林等。(图2-79、图2-80)

图2-79　江孜道旁砖木电杆
(海拔3900米,1983年摄)

亚东沟是20世纪50年代从印度进入西藏的重要通道。林区的开发较早,故沿途断续出现伐后迹地及疏林。但是由于近溪的湿润环境,迹

图2-80　沙棘古树

地上多绿草萋萋,野花绽放,反倒呈现出恬静悠然的环境气氛。

下司马镇的民风习俗,集乡土原生与开放于一体,家家户户爱美化、爱绿化、爱整洁。几乎每家都以藤蔓花卉作门框,庭院入口粉花点点。而院内、家中则各色盆花点缀着,满园姹紫嫣红。他们待客或以酥油茶,或以甜奶茶,客则随主便。

亚东的森林采伐历时较长,在我们考察时,采伐仍在继续。由于采伐的原因,当地亚高山地带下段的标识性树种——西藏云杉已经很少,仅单株散生于村落和寺庙附近。在临近国境边界的伐区中,胸径1米左右的大铁杉正在被伐。我们也调查了几片乔松中龄林,乔松年生长两轮,修长葱茏,林分密

图2-81　亚东乔松林

图2-82　亚东冷杉林

茂，是当地气候湿润的反应。（图2-81~图2-82）

隔沟相望，而邻国不丹的针阔混交林却保护得较好，可见到成群的猕猴在树间跳跃。据资料记载，不丹国家的森林覆盖率达70%（注：不丹宪法规定，该国的森林覆盖率永远不得低于60%。将森林覆盖率以宪法形式确立下来，这在全世界也是绝无仅有的）。

亚东一行的森林考察，总体感觉是在温润的春丕河谷行进，森林的更新和恢复较快，因而满目青山，花繁草茂，是一次专业收获独特而丰富的"温馨之旅"。

在亚东我们考察队一行还受傅县长（我们南京林业大学的毕业生）接待，享受了一次露天沐浴的野趣。在温泉回水区，几间木屋隔成露天的大小浴池。我被安排在较上游、水温最适宜的小屋内。在氤氲浮动的水汽包裹中，仰望澄蓝的天空，耳听飞越的鸟声唧唧，那种宁静悠然的氛围，真使人皈依自然，身心洁净了！

错那林区

之所以前去错那考察，是我得知那里有古沙棘林和小熊猫（属浣熊科，而非大熊猫的幼体），是为探访它们而去。

经朗县到山南雅砻河谷一带，此地是藏族农耕发源地之一，西藏第一宫"雍布拉康"高耸在雅砻河谷山坡脊顶上，在其上可纵观雅砻河谷，农田平整而宽广，庙宇和藏王寺等古迹点缀其间。

经过乃东、泽当，在喜马拉雅山海拔4200米左右的岗面上，考察了沙棘疏林，有树高10余米、胸径1米左右的古沙棘树。但是，这些应属伐后残存、散布的植株。之后，我们怀着遗憾与不足到达错那县，在那里巧遇到西藏农牧学院的两位毕业生，受到了他们倾其所有的接待，贡献出当时一年一度才能分配到的牛肉干，加上我们带去的"老三片"（土豆片、萝卜片、白菜片），热热闹闹地凑齐了一餐"晚宴"。而更好的是，在与一位错那县农林科技人员共进晚餐后，他提供了一个绝好的信息，就是错那西侧的一条支沟东嘎乡，有整齐原生的古沙棘林。（图2-83）

图2-83　错那沙棘林（山南，海拔4200米）

次日，我们驱车前往。将近村落，就看到一群群的褐马鸡在村边、路上，啄食、闲逛。感觉这是一个宁静的、与自然环境、生物和谐相处的村落。

就在村旁，一片10余公顷的江孜沙棘古林，胸径多1~2米，树高18~20米，疏密适度，树冠开展，一串串黄色的果枝密生，老茎苍劲虬扎，林地落叶缤纷，牛羊疏疏点点。该片林分树龄约在800年以上。我们边调查、边欣赏、边感慨，在海拔4200米左右、半干旱荒滩水溪边，能保留得如此原生而完好，大概是村民视其为风水林、圣树了。我们想，如果这片林，出现在城郊，定是一处上佳的旅游地。当然，若真在城市范围，是绝不可能留存下来的。

从海拔4200米的错那县城，一路曲折南下，经冷杉林、油麦吊云杉林、云南铁杉林，至海拔1500米的亚热带常绿阔叶林的勒布区，这里与印度的常绿阔叶林隔沟连坡，是小熊猫的栖息地。

我们受到当地边防部队如同家人般的热情接待，部队战士并陪同我们考察了密林巨树，更让我们远观近眺，把各垂直带的典型景观和优异的生长数据尽收眼底、袋中。唯一遗憾的是，小熊猫没有接见我们。

返程途中垂直高差的变化达2500多米，使得旅途经历了几重的天气变化，从雨热到湿热，再到温热、温凉以至冰雪。在中途海拔3800米处，借宿于兵站，翌日清晨，开门见雪，满山满坡。那峨眉蔷薇的红果上，盛着晶莹的雪块儿，平展的冷杉枝叶上，覆盖着积雪，真是银装素裹，我们就在雪海银花中穿行而归。（图2-84、图2-85）

图2-84　山南勒布峭壁冷杉
（海拔4300米）

图2-85　山南勒布盘山路
（海拔3500米，1993年摄）

图2-86　东噶灌丛围护的寺庙（海拔4400米）

攀上冈底斯山后，还看到了一处寺院绿化、改善环境的实例。桑耶寺的庙宇四周有高2米左右的多刺灌丛，把桑耶寺圈围得似一条绿色镶边的大船，停泊在苍黄的高原坡面上。我仿佛看到了神话中的诺亚方舟，庄严地、生机盎然地显现在高天厚土之中，这座荒漠中的绿洲（绿色的诺亚方舟）被奇幻的、金色的光芒所环抱！（图2-86）

通过对吉隆、樟木、亚东、错那四个沟谷林区的考察，初步了解了各地独具特色的生态环境与生物资源，是藏东南林区生态与资源研究的扩展和深化。此后，"珠峰国家级自然保护区"的建立，以及喜马拉雅山南侧的几处沟谷林区基本属于了保护范畴，我由衷地感到欣慰。

对于藏南的探访与认知，我是先从我的森林生态专业的角度，在投入藏东南林海、惊艳、探宝、沉醉、展示的过程中，既有"猛吞"，又有"细品"，但思维中还惦记着对高原山体南缘沟谷的几处林区进行考察。

在对"藏南四谷"奇珍异宝的探求中，更启示了我对造就与护卫这些生态宝库的宏大的山系冰峰的崇敬！

　　我从越岭入沟前，在岗坡上，在湖岸边，伫足远眺珠峰和其统领下起伏的山峦，朝觐膜拜，衷心期盼着如何学习、探求、揭示高原生态的奇功巧塑之恩泽。

　　于是进行了三次较为近距离的景仰、拜谒。这期间大自然为我展示了多次的天象奇景，如"凤尾"卷云、"乌龙"腾跃、光柱凌空、雨帘低垂等。至于彩虹与象形幻化的云朵以及地面星点的奇花与韧草更是常见。

　　当然高海拔荒山雪岭之行，也时有险情。我们曾不止一次的干渴至极，也曾高原反应至半昏迷状态滚爬下坡。但这些"小灾小难"在宏观天地的惠顾下，均忽略不计了。

　　于是我们"三谒珠峰"。

　　记得1978年春天，我启程援藏时，以4首诗拜别抒怀，其中第3首，有"柳丝千条绾不住，壮心飞向珠峰麓"。当时对珠峰虽衷心崇敬，自思我不是登山家，也不是运动员，但我想森林分布线以下，有林、有动物，是我学习、考察的地域范畴，故有了诗中的"麓"字。

　　第一阶段的援藏两年，教研的主要地区在藏东南，对珠峰只是向往。第二阶段的争取调藏，每年进藏考察1~2个重点林区，为高原生态研究领域的创建收集基本资料时，常常翻越冈底斯、喜马拉雅山脊，遥望珠峰，向往之情更加急切。

　　故当1985年，"西藏高原生态研究所"在各方的重视下，正式建立，我更感到高原生态研究领域里，藏东南是重点，藏北是主体，珠峰是统领，三者的关系更突出了珠峰是高原生态"制高点"的地位与作用。所以拜谒珠峰，了解其周遭的生态状况极为重要。

　　在1992年，我虽已61岁，且为女士，攀向珠峰大本营似乎罕见。此后70岁、79岁时又连续朝觐。20年间的三次敬谒珠峰，目标与观感、收获稍有侧重。

第一次拜谒

　　记得首次敬谒珠峰的情景是，单车五人，其中生态所两人、科委情报所两

图2-87　定日干荒侵蚀沟（海拔4500米）

图2-88　定日岩层波状褶皱（海拔4300米）

人（负责录像）、司机一人。从定日虔诚而行，我是忙不迭地看两侧的山川地貌，那种高亢、静谧、洁净澄明、接纳众生、拥之入怀的气氛，把人引向了天际！（图2-87、图2-88）

图2-89　首谒珠峰

我们经绒布寺，抵"珠峰大本营"，越冰碛陇，攀上海拔5300米的冰碛湖沿，这里低头看珠峰倒影，抬头看旗云绕顶，这一个静啊，真是摄人魂魄！我视这首次拜访为——"静谒"珠峰。（图2-89）

但这次拜谒，高原反应还真蛮严重，严重到什么程度？我一般带两个相机，自己挂着，随时要拍。但是攀小冰湖坡时，我实在是困难了，头痛欲裂，两眼发黑，呼吸局促。我们生态所的学生跟着我，问我，徐老师行吧，我说你不要管我，你管相机，我就把一个相机交给他，再往上爬时，第二个相机又交给他，我还讲笑话说，"双枪都缴械了"。后来还在冰漂砾的塌坡上，摔了一跤，滑下坡去。

返程途中，我看到了一个奇异的天象，从副驾驶的反光镜中，看到二十几厘米直径的光柱，由天而下，反射在镜中，我屏心静气，大气也不敢出地看它，这个光柱随着我们走了长长的一段路程。这就是我们拜见珠峰的第一次经历。

第二次拜谒

第二次拜谒珠峰是2001年，是我们高原生态的研究课题，为考察"冰、水、草、林、脆"而从事的本底调查中的一项。当年我虽已"退休"到了北京，但还在自我从事介绍西藏高原的"窗口"和青少年科普教育工作，建立了第二座"小木屋"——北京灵山生态研究所。在"世界自然科学基金项目"的赞助下，第二次考察珠峰。

此次我们一行，两部车八个人：北京灵山生态所两人（我和王方辰），《环境日报》记者梅冰，西藏高原生态所的方江平，以及邀请媒体的两名摄影师，再加两名司机。

二次拜谒珠峰的目的，是探索珠峰大本营周遭的生态现状，及怀着对珠峰环境的忧患而去。沿途所见，大非往日的宁静状态，中外游客，登山的、骑自行车的、开摩托车的络绎于途。我还被外国友人误认为是"日本人"，个人甚为不爽，立即回应"我是中国人"，以正视听！

此次在珠峰大本营所见，一是应对旅客人数的增加而修路，致使原来的土路失修，现修的路正在挖方，施工与生活的废弃物的输送小道，杂乱无章。多处尘土飞扬，沙石乱堆。二是在大本营区临时的、简易的帐篷接待站，周围垃圾堆星星点点，人声沸腾嘈杂，与我们首次所见的宁静，差别太显著了。

冰川后退的痕迹明显，高低冰碛陇成带，其上还有被车碾的状态，使我回忆起曾有一支摩托车旅行队，托人找我写贺词，我写了"为地球增色，让大地减负"。如今看到车辙无序，对塌积坡有所损伤的情景，我深感自责。

再遥看"珠峰麓"沟内的冰塔林，时隐时现，规模与体积在收缩。这其中还有一处似乎是奇景——冰塔消融时，下冰柱顶冰漂砾，构成的"冰蘑菇"。这还使我遐想到我的科学知己黄宗英，曾参演1980年代中日合拍电影《一盘没有下完的棋》，如今在这个地方，在如此高亢的地方，不也是"一盘没有下完的棋"吗。

图2-90 珠峰英姿

当我攀上首次登临的小冰碛湖时，看到小湖已经干枯，湖边的经幡飞扬，虽然从民俗的虔诚心态来看，能够理解。但就我个人的观点，西藏的蓝天雪峰、壮观和谐的色彩，则是无与伦比的。

所以，此次带着期盼和忧患而来，很多迹象增加了我的隐忧。但当我举目远眺时，天空、雪峰依然庄严肃穆，5座海拔8000米以上的雪峰（从左向右排列的顺序是：马卡鲁峰8463米、洛子峰8516米、珠穆朗玛峰8843

图2-91 二登珠峰大本营

米、卓奥友峰8201米、希夏帮玛峰8012米），矗立于身后，是全球生态制高点的大系统，其影响范围之广，护卫生灵之效，诚然无与伦比，使我的心情开朗而豪迈，把忧患化为吁请、科教和期盼。（图2-90~图2-92）

我孕育了一首短诗：

白首冠环球，玉洁写春秋。

遥祝人寰处，坡绿碧水流。

此首诗蕴含三点：第一，珠峰的全球生态制高点形象，在我脑中愈加鲜明呈现；第二，期盼大家的环保意识能更强一些，经营规划的实施更有实效一些；第三，想起我尊敬的先师梁希部长，诗化的号召，期盼实现"遥祝人寰处，坡绿碧水流"。

图2-92　珠峰中绒布冰塔林（摄影：李国平）

　　这是我们第二次到珠峰的所见、所思、所盼，我视之为"敬谒珠峰"。

　　返程途中时，又看到了一次奇异的天象，傍晚的天际放射出一片扇面状紫色与浅绿色隔带的影像，由清晰到逐步淡化入晚霞中，我们看得如痴如醉！

　　此外，在途中干荒疏草地上，看到丛状的藏菠萝花，贴地而生，粉

图2-93　干荒地带的藏菠萝花

花大而艳。其年生长周期于6月上旬，一周内，能够苗生、展叶、开花、花谢，完成绚丽而短暂的一个生命周期。然后静静地归于地下，以待来年。这种韧性就是生物生命力、适应性的世代绵亘的精神与功力，深深地启迪着人类。（图2-93）

第三次拜谒

2010年春，我赴尼泊尔，从空中拜谒珠峰。对此次不太寻常的考察活动，前期有着较长时间的准备与铺垫。我曾数十次地往返行经川藏线，总是在高原雪山上遥想珠峰，终于在1993、2001年，两谒珠峰大本营，对珠峰北麓的景观有所探析。

曾两次搭乘中国—迪拜航班，对喜马拉雅东西2000余公里绵延的喜马拉雅山雪峰和沟谷中各式的冰川形态纵览、珍视，并请同行诸友通过舷窗共赏与拍摄。我们的专业情趣甚至影响到了航班上一名中国年轻乘务员，她似乎对有如此热爱高原河山的同胞而自豪，主动提供袖珍方便面请我们食用。

凡此多次经历，更促使我早日做第三次空中拜谒珠峰的行动。于2010年春，我虽已年近80，但先进西藏，再经樟木口岸，过友谊桥，入境尼泊尔。这里的民俗风情与西藏类似，而我主要是为空中遥拜珠峰而来。

在尼泊尔，登上30个座位的小型飞机，环绕珠峰飞行。从中近程距离拜谒了珠峰范畴内的群峰系列与南坡的景观，只见全球极高山群聚于此地，海拔6000米、7000米、8000米以上的雪峰冰清玉洁，耸立南天。这一面旷世的"高墙"，其海拔之高、范围之广，影响着西风环流的趋向，把印度洋暖湿气流挡于南坡，致使我国珠峰北侧的背风坡干荒，而南侧迎风坡的尼泊尔山地，承接着印度洋的暖湿气流，孕育出温润的辽阔起伏的坡地，形成了植被层次分明、上下呼应、绿得滴翠的奇景。上段是冰清玉洁的雪山群峰，雪线以下是竹树繁茂的林海绿波，山麓下段是经年三季稻的嫩绿梯田和零星屋舍。

我们在空中虔诚地观"玉龙"纵横，雪宫晶莹，其美、其静、其洁，真是摄人心魄。我想到了古人云"长安故人若相问，一片冰心在玉壶"。自感似乎换了人间，忘了尘俗，受到一次灵魂净化的洗礼！这就是我的第三次在空中拜谒珠峰的感受！小如尘埃、行如一蚁的我啊，更加感到应崇敬大自然，学习大自然的天书、地史、生物史，珍爱她，保护她，做好地球子民的一份职责！

藏北羌塘：高亢辽阔　宁静砺炼

我们的西藏高原生态研究，其重点在藏东南林区，但西藏高原的主体部分，毕竟是广阔无垠的高原面。所以，探访藏北羌塘，是从全局的角度考察研究西藏高原生态领域。

1992年，经西藏自治区科委的立项，并支持了我们一辆东风卡车。因赴藏北考察不能单车出行，更必须准备整个考察周期的全部给养，所以我们的考察小组由两车六人组成，六人来自于西藏高原生态所和西藏科委情报所两个单位的人员。

记得当时考察出发的起点定在拉萨西郊的川藏、青藏公路纪念碑前，我做了一次最简洁，也有些气壮山河的行前动员："万里之行，始于此矣。同车共济，纵横羌塘"。之后我们沿冈底斯山和喜马拉雅山之间的雅鲁藏布江水系上溯，经马泉河、孔雀河、象泉河、狮泉河，西行至距克什米尔60公里处。之后折向东行，横贯整个羌塘大草原，至森林草原地带的类乌齐，达金沙江。而后向西返回至当雄草原，驻足于热振寺古大果圆柏林前，随后再南下经藏中河谷，达藏东南的林芝，回到我们的大本营——高原生态研究所。整个行程绕了大藏北地区一圈，历时月余，行程近14000公里。

行程伊始，映入眼帘的景象与藏东南林区的高山、深谷、密林、叠翠的景观截然不同，是高亢辽阔、宁静苍凉的山川天湖。这是高天厚土的豪壮之美，景色单纯而不单一，宁静而具生机，具有着引人神往、摄人心魄的魅力。

在沿拉萨河西行途中，我看到了一幅滩地双柳依偎的茁生景观。在河滩沙地上，两株高近10米的柳树相依相偎，是高原上苍凉而有生机的直观写照。我对这幅照片的注释是：茫茫高原路，雅江源流长。植根沙瘠地，相依傲苍桑！（图2-94、图2-95）

图2-94　拉萨龙王潭左旋柳

图2-95　雅鲁藏布江中游荒滩双柳（海拔3900米）

藏族父子鼎力相助

在过仲巴西行时，需要涉水越江，羌塘考察之行因逢夏季冰融水涨，我们在马泉河流域曾经17次涉水过5~40米宽的河流浅滩，我们的汽车就此成为水陆两用，不是巡洋舰而被戏称为"巡洋舰"。

其中一次，在仲巴地段越河流时，越野车因陷入水中而熄火，我们立即下水抢出生态考察所用的摄录像设备，而我也顾不了寒冷刺骨的冰川雪水，进入水中参加抢救。同时将大卡车拴上钢缆，打算将陷入水中的越野车拉回岸上。但是，人力不足，而四野茫茫，不见人影，真有一种呼天不应、叫地不灵的感觉。

幸运的是，不知从何地来了两位藏族父子，帮我们共同拉出越野车，还指引我们从上游一处水流较浅的线路而过。我们极为感谢，而他们却不要任何回报，最后，我们送了两棵大白菜以表谢意。为考察所储备的"给养"开始发挥了致谢与友情的作用。

有惊无险，智对群狼

从仲巴到普兰的一线，我们沿着马泉河边的沙丘、疏草和矮草地向西行进，越冈底斯山，向着著名的冈仁波齐圣山和玛旁雍圣湖而去。为了抓紧时间赶路，一路上我们多是行至天色全黑，这天夜晚十时许，途中只见前方有灯光闪烁，还庆幸是遇到了小村或农舍，可以停车宿营。没有想到，直至接近时，才发现是遭遇了狼群，大约有十几匹狼。在车灯的照耀下，狼眼反射出棕黄或淡绿色的光，狼群在车前后跳跃嚎叫。

遇到如此突发情况，我们的藏族司机居然将车窗摇下3公分，架起从自治区林业局要来的双管猎枪，准备打狼。而我还居然冷静地要他关上车窗，同时发布了三条指令：一是打开车辆的远光和双闪灯，吓唬狼群和警示后方补给大车；二是持续鸣笛，想借声音吓退狼群；三是放慢小车车速，等后方的大车同行。

于是，在黑夜的高原上上演了一幕万里高原，车声大作，灯光通明，冲出狼群的"壮观"景象。等到估计甩掉了狼群、过了危险区，我们就地停车休息。我蜷缩在越野车内，男士们就在东风卡车上过夜。

次日清晨，考察小组仅车行拐了一道弯，冈仁波齐圣山那深断裂形成的十字架形雪峰，以及波光晶莹的玛旁雍措就盈盈在望了。我们穿行在拉昂措与玛旁雍措之间的土"埂"上，时而左顾时而右盼，皆因为"鬼湖"与"圣湖"仅一"埂"之隔，景色迥然不同。拉昂措被称为"鬼湖"（实际是咸水湖），而玛旁雍错是海拔4587米、湖深77米的高原淡水湖，是信男善女远道赶来沐浴，净身、净心，然后转山的圣湖。

一路逶迤向西，进入了孔雀河畔的普兰县。当时的普兰县城只有一条土路的小街，没有用于接待的宾馆、餐厅。我们考察小组只能住宿在边防部队的招待所内，并受到了很好的招待。

普兰县的范围，平均海拔3700米左右，年降雨量不足100毫米，属于半干旱、燥热气候类型。境内的植被主要是灌丛、草地，以及人工栽植的杨树、榆树等稀疏生长。普兰是西藏国际交往的口岸之一，主要是与尼泊尔的民间贸易和商品往来。普兰县城国际商品交易是一处帐篷市场，建设得很是简单甚至简陋。

市场中的商品主要有印度、尼泊尔的首饰、化妆品、小工艺品、药品以及各种羊毛制品。不少尼泊尔的边民，举家常驻于此或季节性往返两国。有些尼泊尔的妇女和小孩，穿着打扮也甚为俊俏与天真。虽然我们仅买了一些小饰物，但却把考察出行前带出的手帕、袜子等日用品以及糖果、点心，倾其所有，送给这些可爱的孩子们。

沧海幻化，古格兴衰

扎达，是喜马拉雅山南坡西侧的一处独特的沟盆地带，是著名的古格王朝的所在地。这里既展示出了亘古恢弘的地史，又留存下了悲苍的历史遗址。由于位置更偏西，其干旱程度则更强，气候与景观较普兰更为干荒苍凉。

进沟后，我们遇到了大规模的典型的土林景观。沧海幻化，昔日特提斯海中，不同质地、不同硬度的岩层沙砾，经水力托举，再经风力雕塑，形成了风蚀地貌。那恢弘的水平岩层被强烈地切割成垂直的土柱，或群聚呈丛林、宫殿，或单体呈宝塔、佛像。尤其在四周的高岗上，更加形似峰林殿宇、形状起伏巍峨，使我恍若进入了一座迷幻之宫，一座地质、地史的博物馆。

身处土林之中，我们看不胜看，拍（照）不胜拍，唯恐错过了胜景，错过了绝佳的光影角度。我想，如果乘直升飞机在半空中环视，那应该是多么壮观、多么奇妙、多么美轮美奂的场景啊！这恐怕是美国科罗拉多大峡谷的景色难以匹敌和难以企及的。（图2-96~图2-98）

在扎达，我们主要是造访古格王朝遗址，早闻这里发生过历史兴衰的悲剧。古格王朝遗址现存的面积约72万平方米，有879座窑洞，残破的人骨、骷髅犹存，古格古庙就围山而建。

图2-96 札达英姿（摄影：李国平）

图2-97　宏观的水平岩层

图2-98　土柱屹立

　　当时的古格王朝遗址罕见游人，周围一片宁静，仅有一名老喇嘛掌管庙门的开关。我们进庙后可随处观看。庙宇内存有28座佛塔，佛塔的最上层是"王宫"。从下到上有四条暗道，我就是经过一条157米高的岩层裂隙的暗道攀上去的。

　　登上庙顶，放眼远眺，那大尺度的水平岩层，脱海成陆，呈现出恢弘且气吞山河的地史历程。犹如一本巨大而现实的天书展现在我们的眼前，仿佛促使人们双膝跪地，以自然小民之身，向高天朝拜、向厚土朝拜、向历史的风尘朝拜、向古往今来的生灵朝拜。（图2-99、图2-100）

　　在庙宇内，我们怀着敬畏之心、环保之情，细细地凭吊，慨叹万千。直至听到沉重的山门关闭、铁锁下钥之声悠悠地传至远方，我们方尽兴而返。

图2-99　古格古堡（摄影：李国平）

图2-100　古格遗址

由扎达向阿里行署狮泉河行进途中，我们经过海拔近6000米的达巴山，眼见到大地展至无垠，苍穹覆盖周边，好一个天地交合的气势！这又一次见识了地球之圆而小，高天之阔而缈。我们的汽车极似一只缓慢爬行于天际的小小的甲壳虫，而人就附身其中。

行至夜晚，借宿于朗巴兵站。在这里，还发生了一个有趣的插曲：投宿时，不同以往，被盘问再三，当确认我们是西藏高原生态研究所的科技人员，我是所长徐教授时，哨兵才面色缓和下来。兵站提供了两间住房，并说："今天没有电，没有水，我们也没有吃的东西招待你们。"我们感谢了他们的接纳，在手电筒的微光下，以干方便面充饥，对付了一夜。

次日清晨，兵站营地里人来人往，原来是兵站夜间巡逻，搜寻企图出境的两车、7~8人（其中一女），正巧，我们的人和车辆的状况极其相似，故被误解。此后营长连连向我们致歉，并且招待了一餐热腾腾的早餐。告别时，我们将车上的所有存货（土豆、干瘪的萝卜和大白菜）全部留给了营部。因为这里将临近我们西行的终点，随后折向东行，即可到达阿里行署的所在地——噶尔，我们在那里就可补充给养了。

此后，我们将从西藏的最西缘、距克什米尔约60公里、新疆与西藏的交界处开始，由西向东，由阿里至那曲，横贯万里羌塘，直抵"三江"流域的川藏界河——金沙江。

这是一次区域性生态反差极大的考察之行。我们由藏东南的山峰峻峭、绿荫遍野、密林山花、露润草长的绿得极致、润得极致、生态优越区，到高寒干荒、人迹罕至的生态脆弱区，差距之大，可算极致了。

首站是阿里地区的首府——噶尔，又称狮泉河镇。海拔4300米，年低温-35℃左右，年降雨量80毫米左右。总体环境是：疾风常吹，雪少而暴，雨丝飘忽，骄阳炙人，荒滩疏草，人烟稀少。真是高亢、寒荒之地，被认为是"世界屋脊"。（图2-101~图2-103）

图2-101　狮泉河红柳丛

图2-102　旱生禾草群落

图2-103　屋脊形的火山颈口

而古岩层峭壁上密集的洞穴"千疮百孔"，是野鸽子的筑巢地，车行于此，鸽群轰然起飞，蔚为壮观。

但是，这里的大地诚然荒凉，矮草疏生，河岸边只有零星的红柳丛。我们了解到，过去这里沿河的红柳，成带密集，株高可达3~4米，而今，由于城建和人居，不但红柳被砍伐殆尽，而且刨根断源，致使红柳难以更新再生、恢复生机。房顶堆积着树枝、树根等薪柴，主要取之于红柳。

我们虽然感慨于植被荒疏地还被如此肆意利用，甚为心痛，但也体会到当地生活的艰辛。据说，订阅报纸的人，一年的报纸也仅供烧一餐饭而已。何况由于冬季雪封山，由新疆至阿里的邮路半年不通，家信甚至急报收阅时均已成了"历史"！这使我联想到"高原孤岛"——墨脱，基本情况也是如此。一个是高山冰封，另一个则是高原雪路。

由噶尔东行，经革吉、改则、盐湖、色林错，起伏行进在海拔4500米以上的高原面上。由于沿途以及城镇四周的生境苍凉、人迹罕至、人烟稀疏，人与人之间的交流与支持，在这样的环境条件下显得尤为难得和倍感温暖。

在革吉，遇见了农牧学院牧医系毕业后即到此工作的藏族女生，她那种惊喜、依恋之情，体现在相见过程中她始终满含热泪。分别时，我们别无他物，只能以所带的蔬菜相赠，她更是泪流满面。待我们车行很远后，还能看到她的人影伫立原地，直至消失在天际。

羌塘茅屋，情暖旅人

当我们行至羌塘的中心地带，周边旷野一片寂静而无人烟。及至临近夜晚，急需寻找住宿营地，而行至东噶地区，在旷野上突兀地出现了两间茅屋，柴门虚掩。屋内有几张由树棍、砖头搭起的床铺，上铺茅草。外间一只火炉、一堆羊粪、一小袋青稞、半碗食盐。

这两间茅屋虽然简陋到了极致，但也温暖旅人之心到了极致。因为这可以救人于危难之中，甚至救人于生死之间。这就是高原之上，宽广胸怀、人性之光的体现。正是有了这两间茅屋，我们得以在此"自助地"借宿一晚，第二天天明临离开前，在茅屋内放了一些食品，才掩门而去。走出一段路以后再回首，天际有一大片浓云飘忽而来，恍如盛情告别，而小茅屋在晨曦照耀下好似小金屋一般，在旷野上闪闪发亮。

万里羌塘，也是千湖之域。面积5平方公里的湖泊有300多个。至于小湖、沼泽、湿地等等，更是星罗棋布、数不胜数，湖面湿地之上波光闪烁，映衬着蓝天白云。

行进途中，年轻人为了补充营养，曾经猎捕到一只黄羊和其他小动物。一天傍晚，我们住在一户牧民家的小草屋中，在浅水边，猎到了一只雌鸭，而雄鸭就在附近，哀鸣不断、徘徊不去。

小伙子们还想就势将其一并打下，我心中不忍而劝说：打了一只，已经无奈，你们可以补充营养了，就不要再伤害雄鸭了。事后，那雄鸭的哀鸣，久久回响在耳际。我不知道，留下这只孤禽，是好事还是坏事？

前往色林错的行程，相较现在而言颇为艰辛。当年我怀着对久闻大名色林错的向往，决心去色林错湖面近观湖色天光。但在进湖的途中，车行道路极为泥泞，小车的车轮几乎一半陷于烂泥之中，车辆挣扎着前行、上下起伏颠簸，车上的人员犹如在车座沙发上挣扎着跳迪斯科。这种路况和地面状态是色林错水域旱化、碱化、退化的直接反映。

道路的泥泞以及行车的艰辛，使得期望近观湖区的打算眼见着成为泡影。当时我们清醒地意识到，如果继续坚持开车进湖，则很有可能二车六人均陷入湖沼泥地之中，出现又一桩类似"彭加木事件"（我当然不敢与彭加木烈士相比），但却可能有被误认为叛国投敌之虞。鉴于这样的状况，我们只得艰难地决定放弃，并且再次艰难地开车返回，这也是我当年科考唯一的一次没有实现的既定计划。

盐湖绿波，羌塘晨曲

　　盐湖之行，自然景观极为丰富而独特。我由于有高原反应的不适，无法入睡则是清晨即起，于晨曦之中遥望四周，在湖滨辽阔的沼泽草甸上，似"吹皱一池春水"般的浅浅的绿波（草）随着地形而起伏，草尖上还似乎溢出盐晶，在朝阳下珍珠般地闪烁。而清晨的朝阳仿佛如一只硕大的鸭蛋黄，在盐湖水面上飘忽和倒映。

　　在湖畔，还遇到两位藏族姑娘，二人正在准备把两列羊角拴绳、羊头相对的羊群散放开，她们全身藏装、细辫飘摇，一脸灿烂地迎着朝阳，而远处背景是疏草遍地、雪山绵亘。初拍下了这一张有意思的照片时，我命名它为"牧羊晨曲"，随后思之再三，变更照片名为"羌塘晨曲"，因为，此地、此情、此景，非"羌塘"二字莫属。（图2-104、图2-105）

图2-104　车迹纵横

图2-105　羌塘晨曲（海拔4450米）

　　藏北的草地，浅草青青、平整如毯、无边无涯、无路有迹。由于各类车辆恣意而行，在草地上留下了深、浅、宽、窄不等的车辙，或平行，或交错，呈放射状地伸向远方。其中更有各种野生动物的行迹，或列队整齐，或蹄印杂乱。

　　行进途中阳光从侧方射来，光影与角度极佳。我当时很想停车拍摄这无垠的高原上"处处无路处处路，宁静之中蕴生机"的情景。但见随行的两位摄影师疲劳过度，正沉沉而睡，实在不忍将其唤醒。此后虽再未见到如此绝佳的画面，但这个场景却永远地印刻在我的脑海之中。这海阔天空般的芳草地，会使人有在其上自由地翻滚、接受它深情拥抱的想法。

羌塘高原草地的生命力和奇特的生命现象更加令人叹服：清晨，阳光乍现时，草层上会出现1米左右厚的雾岚，袅袅升腾，如梦似幻，让周围的景物以及远山都显得朦胧起来，这源于草叶上的露珠雾化和土壤毛细管现象。由此不禁让人联想到，初春的江南那油菜花田上层飘忽的花粉雾，仿佛把空气都染成了嫩黄色。这些自然界中微观的生物现象，对考察中的人们来说，甚为醉人。尤其是感受到辽阔大地的生命力，她不仅包容养育了各种动植物生灵，其本身就是大地母亲，在与生灵同呼吸、共命运！

藏北高原的天空，天色湛蓝得让人疑其为假，亮白的云团形态清晰且更是幻化得酷似人为。在考察途中曾见一幅浓云为框，中有奔马仿佛冲向画框外，形成一幅另类科幻般的奇景。高原之上还常见到雨帘垂于天际、雪幡挂在半空。天地万物似乎在为我们做一幕幕惊心动魄的专场演出。（图2-106、图2-107）

那曲，地名意为黑河。那曲行署所在地的海拔高于西部的阿里地区，为4500米。我们行进那曲前，地图上显示似乎那曲行署已经在望，为了抄近路尽快抵达，小车陷入了小道的流沙之中，车上众人下车掏沙，却效果甚微，反而导致车辆随着众人的挖掘而越陷越深。而同行补给的卡车，反而走大道超过了

图2-106　藏北草甸

图2-107　砾石疏草草原（海拔4680米）

我们。其时，天色已近黑，似乎"九九八十一难"的最后一难来临。所幸的是卡车虽已走出很远，但由于不见我们的踪影，返回来寻找方才发现一筹莫展的我们，得以把小车拖出沙窝。此后，我们又深一脚、浅一脚地翻过一座沙山，直至深夜方才到达那曲。

在那曲，同样受到羌塘人豪迈、热情的接待，无私地提供了所需的专业资料，并且详细介绍了由那曲向东考察的途径和联络方式。

由那曲东行，向索县、丁青、类乌齐方向，从地貌类型上，是由羌塘高原向"三江"流域上段的山塬、沟谷而去，在植被类型上，是由疏草荒原、高寒草甸，向灌丛、疏林转换，温湿度状况缓缓上升。

海拔4000米左右的索县是以牧业为主的农业区，尤其索县赞丹寺，是藏北地区最早的黄教寺庙，层层叠叠状若小型的布达拉宫，寺院修建在雅拉多山顶上造就了挺拔向上的动势。一块块平展的青稞田围绕着寺院下方，似绿色的地毯烘托着这座土石建构、耸立而上的寺院，苍劲而威严。

人间至亲，心血交融

在索县，又遇见了一个令我感情激荡的事件。当我们人还未到县城，信息已先传达到了，一位藏族青年已经在等"妈妈"了。这事件的起因是1990年，由于我患胆结石，在林芝军分区医院开刀动手术，需要输血。而我的血型属于AB型，相对较为稀少，曾经有三位学生（二藏一汉）为我输血。而其中一位藏族学生扎西，毕业后就分配在索县工作，所以他把我的到来视为他的妈妈归家。见面时，他的一声"妈妈"，直把我叫得热泪盈眶，一股暖流直灌到了心底。

我想，何谓人间亲情？难道只有亲缘关系才有亲情吗？其实，亲情既不限于亲缘关系，也不因血型相同，甚至与民族、国籍都没有必然的联系。而是心的连接、情的交流、爱的温润，就是人间的至爱亲情。我们在索县考察期间，他一直陪伴着我们，是一名编外向导。而且，他向所有的朋友、同事介绍，说我是他的妈妈。于是，我这个徐妈妈，在索县就有了许多年轻的朋友和"儿子"。

图2-108　不整形农田

图2-109　藏北牧民毡蓬

　　丁青是藏东北"三江"流域的台状地形与红土地带。沟壑中，不少岩石露头，形态突兀，构成了各式各样的峰林石堡。更有似人似兽的大石，有形似大佛坐于山岗之上，也有酷似老虎立于山头之间。

　　在这个红土地带上，其基岩主要是紫色砂岩，反映出了古地史的温润期的红土类型。所以，在自然景观上，呈现出独特的荒凉瘠地上的农业区，即在紫色砂岩的山边隙地、红土相对深厚处种植有青稞，因而田块的形式大小不同、形态各异，自然而多样，有不规则的波形，有角叉式的连接。（图2-108、图2-109）

　　在村前屋后，以及大面积的山坡上，青稞田有成熟的金黄、有待熟的翠绿，大片麦田间以棕红色的岩体和土地，把"三江"流域的峡谷、水系、山体，装点得五彩斑斓，给人以远古苍劲但又生机绵延之感。

自然山水皆画图，碧草连天养育情

　　类乌齐是"三江"流域上段，半干旱森林–草原植被的典型地带。峰奇石怪，疏林草原，中旱生的川西云杉是这里的主要适生树种，在悬崖峭壁间或小群或单株地生长。高低参差的自然布局，形成了峭壁劲"松"的势态。既有生态意义，也有观赏价值。

在类乌齐的若干起伏的山体和幽深的峡谷中行走，被周围的天然画廊所吸引，真可谓是应接不暇、神魂颠倒。不经叹服川西云杉林的生命力如此之顽强，飞籽落于岩隙中，稍有雨润，即能萌动扎根。适应性如此之坚韧，可以吸取养分于瘠土，穿行扎根于裂隙。它虽然生长缓慢，但年长寿高，形成了枝干虬扎、傲岸的劲"松"。令我敬佩与敬畏有加。

峻峭的山体与劲"松"相互装点，宛如一幅幅国画山水，构成了浓墨重彩的长卷。过去，我曾误认为古人的国画山水多有臆造的成分，而待亲眼目睹了如此壮美奇特的山水景观后，真感古人是在实地观察的基础上，艺术地体现了大自然的风姿。

类乌齐除了川西云杉的峭壁森林以外，还有连片的大果圆柏、高山松等组成了半干旱区的暗针叶林和疏林，林缘处常有缤纷的野花成丛，白色的帐篷散落，周围有悠闲的羊群或鹿群，不远处还有玛尼堆与佛塔。那种天高地远、静谧庄严的气氛，催人净化、皈依自然。这种境界永远地留在我的记忆之中。

我们一路从类乌齐东向跨"三江"抵达金沙江畔，可以说贯通了西藏由西向东的大藏北考察之途。

返程时，沿西藏的中线南下，考察目的地是羌塘南缘的当雄草原和纳木错及疏林地带。途中，令我震撼的是看到一个磕长头朝拜拉萨圣地的小团队，他们以村为单位，三人负责后勤，拉着一架独轮车，载装着沿途所必需的物品，四人以身长丈量路途，三步一长头地向前行进，负载着全村人的朝圣心愿。

我们停车致意，与他们交谈，还发现了朝圣以外的又一个心愿，就是当他们用手比划着约2米的高度时，我才恍然明白他们是要去看树。即羌塘高原上的灌木，虽不高耸也被他们视为圣树！

当雄草原上，念青唐古拉山的主峰海拔7111米，高高耸立在天边，衬托着草原辽阔而悠远。目光所及之处，有一顶帐篷，草地上一位牧羊人一边放羊一边转动着手中的转经筒，旁有一位老牧民，用三块石上架着汉阳锅在烧酥油茶。高原牧区的寂静、旷远、悠闲的氛围，令人陶醉。

同车的年轻人忽发奇想，说："徐老师，这里一马平川，你都可以开车。"我也和他们同样"神经"了，向司机请教一番后，我说也就是四个环节吧：发动、加油、换挡、刹车。于是在海拔4200米当雄的大草原上，我第一次无证驾驶，因而引发出我2005年在折多山区第二次也是最后一次的"信马由缰"。

我们由当雄草原、念青唐古拉山口向东，至拉萨河源流的麦地卡。这里是高寒、干荒疏林带，一片大果园柏疏林，面积约有500公顷，分布在海拔4200至4500米的垂直带上，造就了满坡的苍绿。其中不乏长寿劲松，我们调查到有高19米，胸径1.7米的立木。圆柏属缓生树种，但寿命较长，可耐干、寒、瘠薄生境，能长至如此粗壮的古树，寿命肯定超过了千年。

殿宇众多的热振寺，坐落在大果园柏古林的下缘，反映出了人文历史、寺院与古树互为依存的关系。周围还建有一片玛尼墙，长约20米，墙上镶嵌着一块块玛尼石，矗立在高高的河阶上。（图2-110、图2-111）

而当我2005年第二次再去考察、拜访时，看到此地已成为了距拉萨不远的旅游地。我既有担心，更有期盼，如此历史性地以宗教保树林的杰作，当代人只有虔诚地观赏、保护的义务，绝无糟踏、破坏的权利。

由唐古拉山口西进纳木错，山路颠簸，翻越5400米的纳根拉山，为了制作生态科普教育电教片，我站在山岗，介绍周围的岩层地貌、山川形胜。当日风雪交加，迎风时，雪花成团呛入口中。而翻过山岗后，风雪骤止，阳光普照，蓝天白云，海拔4700米的纳木错展现在下方。

纳木错是我国湖泊面积的第二大、海拔最高的高原湖，被藏族人民尊称为天湖。它的主体是咸水，但是还承接了念青唐古拉山冰川雪水，所以咸水、淡水混合。湖区的扎西半岛上，发育着显著的冰水冲积扇和溶洞、天生桥等岩溶地貌，堆砌耸立的奇峰怪石，犹如守卫天湖的天神门将和刀锋画戟，更衬托这

图2-110　热振寺坡面上的柏树林

图2-111　热振寺旁的"玛尼墙"（长约20米）

图2-112 天湖纳木错（海拔4700米）

天湖的圣洁和威严。我更有幸看到完整的日冕天光之景，高原的天空啊，既亘古又幻化，奇美万状！（图2-112、图2-113）

图2-113 纳木错湖滨石峰

辽阔的羌塘草原，人迹稀少，见到相识、相知的人似乎是一件不可能发生的事，但这次羌塘的考察却有了一次奇遇。当我们一行在路旁小憩时，见到一位长发、长须、背囊、拐杖的行者，我说这位是从墨脱而来。大家奇怪我因何得知？我说他拿的是藤竹拐杖，墨脱特产。

上前一问，果然是由墨脱出来的行者雷殿生。虽然未曾谋过面，但是雷殿生说，他认识我，而且在墨脱相遇的几位学生，曾经托他带一条墨脱蛇的标本送给我，只是在途中时标本已坏。

我既高兴于我们同为天涯行者，巧遇在当雄草原，又感谢那几位青年学子想把墨脱标本赠送与我，更奇怪的是，他们似乎以为我是常在高原游走、可能

随时随地相会的人。这种感觉和信任，让我这个"高原之女"，有一种家居高原，常住家中的"主人翁"之感。

我们欢聚在路旁的一家小棚饭店内，聚成简单而热烈的午餐。我随身别无长物，将仅剩下的一把硬糖倾囊赠送，而方辰同志掏出200元相赠。我们怀着天涯何处不相逢的豪情，各奔东西。

藏北之行，我们六人二车，真是"头枕着边关明月，身披着雨雪风霜"。人虽极度疲惫，但收获甚丰，车虽耗损破旧，但运行正常。我们安全地返回到科学的小庙——西藏高原生态研究所。

翌日，林芝电视台的点歌节目，播放了一曲《好人一生平安》，祝贺我们的凯旋，还有一段动情的注释，说：徐教授年过花甲，出身江南，外柔内刚，为高原生态竭力，是后继者的表率等等。当时，我一人在高原生态所内静静地听着这首歌，胸中又激荡起羌塘豪迈的风云，流下了沧桑而宽慰的清泪。

回顾藏北一行，苦则苦矣，累则累矣，但这是高原生态事业的必须。我始终明确，藏东南是研究高原生态的核心地，而藏北羌塘是高原生态的主体。不朝觐与考察它，不能构建起西藏高原生态的全局。

我曾把高原生态的类型归纳为：冰、水、草、林、脆五大类型。藏北羌塘基本上涵括了生态脆弱区的高、寒、干、荒、风、沙、陡。

所以，此次也就是生态脆弱区之行，此行当然必须，此行当然有极大的收获和启示。生态脆弱区的关键是"脆"，这一个"脆"字了得！"脆"字给人们的印象似乎是环境严酷、资源匮乏、不宜人居，无法改善。因而，一提藏北，心生恐惧，视为畏途，称其为"无人区"，甚至"生命的禁区"。其实，这是一种谬误。

植物中的红柳（水柏枝），它既耐高寒，也耐酷热；既耐干旱，也耐水淹；既耐贫瘠，也抗风沙。它可以在高亢的狮泉河畔，绵延数十公里，高可掩人，根深及丈。

至于草本群落，在羌塘高原，有多种、多形式、多类型的种群分布生长。盘根错节、走茎宿存，真是"野火烧不尽，春风吹又生"。所谓"萌生"，所谓"茁壮"，均是由草而来。过去常说"只见树木，不见森林"，而我们往往"只见树木，不见草本"。但是，恰恰草本是一切生物的食源，是根本的根本。草本是适应性和生命力最强的群体，无论对万物生灵，对保护大地，都是最"默默无闻的英雄"，却又最不被人待见。

但实际上，岂止是"英雄"，民谚云："衣食父母"，草群就是大地之衣，生灵之食，是我们地球家园的父母啊。同时，我不禁联想到，社会人群中的普通子民——草根族，实际是构成社会的基础。

动物中的小精灵——藏羚羊，是羌塘高原上美丽的舞者。它们体态轻盈地自由奔跑，生于斯、长于斯、繁殖于斯、举家迁徙于斯，构成了藏北高原上最灵动的一群。

野牦牛，是藏北高原上威武的王者。我曾看到，在漫天大雪中，野牦牛身披着厚厚的积雪，安卧在雪地上。那种岿然不动、坚韧不拔的悲怆而威严的气势，让我敬佩不已。所以，有人提出"牦牛精神"是："忍处恶劣的条件，啃食低矮的青草，提供浓郁的乳汁，充当高原的船舶"，概括得既深刻而又深沉。

至于多种飞禽，如大雁、黑颈鹤等，冬去春来，迁徙于南北，栖息于水体，以高原水域为家，繁衍生息，用色彩和鸣声装点着高原的天空和大地。

可见，藏北高原绝不是"生命的禁区"，而是韧者自由翱翔游走之区。这一个"韧"字了得！以"韧"字对"脆"字，上演了一出出亘古延续的生命之悲喜剧！

三、五洲观光 生态对比

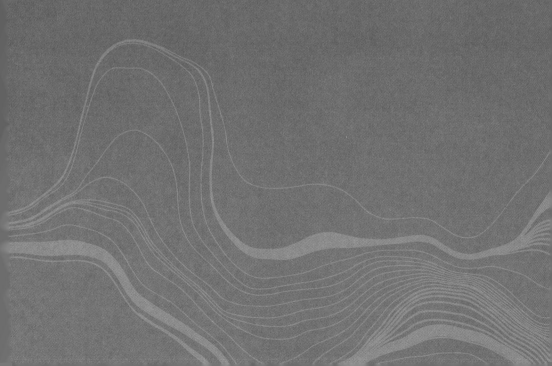

北欧：极地"琴谱"　润林绿屋

对于地球的两个极地（北极、南极），往往被人们视为冰雪一片。以往我对斯堪的那维亚半岛的印象，从地理位置上来看的，该地区西依北大西洋，北有北冰洋，虽纬度较高，但四周环水，温凉湿润的环境估计会有适生的植被群落，至于其群落状况与绿的程度，也没有较高的估计。

1999年6月，由于专业上的交流互访，我应卑尔根大学两位教授的邀请，访问挪威的主要林区和考察森林景观，期间兼顾着去了芬兰的部分林区、机构进行踏察，并借此与我国西藏高原的高极——珠峰，进行了一些生态对比。

那次的一路，由卑尔根群岛西进，翻越约顿姆山系，南下至奥斯陆，再北上入北极圈内，至滨北冰洋的巴伦支海。

所行观感是，主色调有二：林线以上为白色，而林线以下，几乎无山不绿，有水皆清，碧草起伏。温性至寒温性的暗针叶林——欧洲云杉－冷杉，以及欧洲赤松林为主的林分整齐，曾见胸径1米以上、树高50米的立木（大树），使我简直忽略了这里竟然是地近北极圈的事实。（图3-1、图3-2）

而其绿，不但反映在林与草对地面的覆盖上，更突出的是绿色覆盖房屋的景观。沿途可见星星点点的"生态屋"，一些民居与山乡别墅的屋顶，多有鲜活的绿草和小花。美观、自然、节能、调控，使我联想到我国诗人杜甫的"茅屋为秋风所破歌"。虽然二者类型一致，但在用材上则有活株与枯草之别！这种类型的"生态绿屋"值得珍视与借鉴。（图3-3~图3-5）

至于林线以上的冰雪带中的石滩草甸带，更有防雪与指路的设施。防雪栏酷似耸立于天际的宏伟的五线谱，而路旁以石头叠成堆，插杆指引，又使我想起了西藏祈求平安的"玛尼石堆"。（图3-6、图3-7）

进入北极圈，从洪宁沃格镇、特鲁瑟，直至巴伦支海滨。北极小村，晾鱼木架和各家窗台上的花架，反映出远在天涯海角的居民区的宁静而又生机益然。

图3-1　高耸的欧洲云杉林

图3-2　峡弯小岛

图3-3　生态绿屋群（市场）

图3-4　生态绿屋（民居）

图3-5　山区的生态绿屋（土草）

　　我们还乘快艇"泛舟"于海上，观火成地貌的僧帽岛和多达250万只的海鸥。海里渔业资源丰富，连我这个"初钓者"竟然也能随意地钓到一条长35公分左右的海鱼。可见，北冰洋空中、水下生物种群各适其所！（图3-8~图3-10）

图3-6　约顿姆山的防雪陷路标

图3-7　约顿姆山的防雪陷路标

图3-8　通向北极圈之桥

　　至于斯堪的那维亚半岛上，挪威的近邻国家瑞典、芬兰，林区景观类型也基本一致。芬兰是一个绿山碧水的袖珍之地，虽然1/3国土在北极圈内，但森林植被覆盖却高达76.2％，水域宽200米以上的湖泊5.5万余个，全境丘陵起伏，

图3-9　山坡防雪栏
（似巨型五线谱）

图3-10　北冰洋的巴伦支海
景观

形成了森林—湖泊—沼泽—草地，水天相连的蓝绿相间的氤氲景观，真使我有了梦回家乡"烟雨江南"的感受。（图3-11）

我们还造访了芬兰"亚北极观测站"，在北纬69°30′的湖心岛上，科研人员观测亚北极气候、土壤与生物的关系。他们定期取样，摩托艇漾起长长的水波，驶向沼泽深处，从事着悠然而严谨的科学探究工作。（图3-12~图3-15）

图3-11　针叶林一角

图3-12　访芬兰亚北极实验站

图3-13　数据采集于沼泽水域

图3-14　展览馆撑木 取材于桦树中径材

图3-15　极地木屋招待所

沿途我们多次遇到驯鹿迁徙，看到露珠晶莹的"连天"芳草，更驻足观赏沙地欧洲赤松林中黄白色的地衣球滚动的奇景。

十余日的北极两国观光考察，对极地之绿，保护自然之情，印象深刻。在返程的飞机上，由北而南，从空中看北欧→西伯利亚→大小兴安岭→华北。其绿的状况、绿的色彩差异明显，由绿而碧——斑而苍（暗针叶林云冷杉林与欧洲落叶松林综合的景观反映），由暗而槁、由浅而疏。至于我再纵目向我国西隅的"高极"展望，则其绿、其林、其恢宏的山川之景，则各守其"极"，大有一比！

欧洲：山高水长　科风音韵

对于欧洲的十二国，我曾经三次分别探访，首次观光考察了欧洲的"脊梁"阿尔卑斯山系周边的五国，第二次访多瑙河水系沿线的毗邻五国，此后又专访了由欧洲的东北角下延至欧亚交界的贝加尔湖的辽阔的俄罗斯，还造访了地跨欧亚大陆的土耳其。

在多数人的观念中，往往将欧洲的西南至中东部的诸国视为欧洲一体，而将俄罗斯单列，更将土耳其视为较干荒的欧亚大陆型。此观念有一定的习惯性，缘于"环山绕水"的十国在地域环境、文化习俗等诸多方面的"大同小异"。同在一域、同居于中温带范畴，同样注重维护历史、文物、生活习俗，同样较尊重科学、文化、音乐、艺术，而且有较长期的血缘互通关系。而"小异"则在于不同的民族和秉持的宗教信仰有所区别。

至于俄罗斯，则因其地域北上高纬度至北极圈，故有寒温带及高山寒带的植被带以及苔原植被带。

对于环山绕水的欧洲十国行，在花团锦簇的活动中，我并非向往购物与都市香风，而是重点探访欧洲的"脊梁"阿尔卑斯山和串联数国的多瑙河，以及他们共同尊崇的科风音韵。（图3–16）

考察期间曾乘"世界高空"缆车，经雨雪飘忽的冷杉林冠层，登上海拔3000余米的观景台，纵观海拔4810米连绵起伏的勃朗峰群系，还下至据称有着40公里长的冰洞。也专程去了亚得里亚海湾的水城威尼斯，沉思于"叹息桥"前（传说是被审者一过此桥，终生监禁而得名），还乘"贡多拉"小船巡游于"水上胡同"，观水迹附墙，担忧于海面涨落与名城的前景。同时还联想到我国的江南（苏、锡、常）一带的"水上胡同"，对比观之，威尼斯似苍老的贵族，而我国的江南水乡则是生机盎然的草根民众栖居生息之地！

欧洲的古迹胜景维持得甚为完善。全球最小的国家梵蒂冈，却拥有着世界

图3-16　云拥阿尔卑斯山山峰

图3-17　遥望梵蒂冈

最大的天主教堂，此"一堂即一国"的奇景，端庄肃穆，为全球天主教信徒心中的圣地，终日朝拜者不绝。（图3-17）

　　而意大利的罗马古都的斗兽场和凯旋门遗存矗立，是欧洲的科艺文化古风与

图3-18　意大利古角斗场

图3-19　威尼斯水城之迹

图3-20　联合国总部广场

当代景观的名胜，昔日的宫殿似闪烁的珍珠，而且内蕴丰厚，参观者络绎于道。（图3-18、图3-19）

瑞士的联合国教科文机构前，众国旗飘扬，日内瓦湖上高300余米的喷泉净化着民众的心灵。而捷克的天文钟按时招呼着来自世界各地的人群。更有严肃的奥斯威辛集中营，展示着二战血迹斑斑的历史，以告诫后人，呼吁和平。（图3-20~图3-24）

旅人们在行走中，可见到科学家哥白尼及"地心说"标志，静静地矗立于小巷深处。居里夫人家与居里先生的殉身之处近在咫尺。教堂前还有背负着沉重十字架的先贤，在承担着人类的重托！

欧洲也是音韵悠长之地，肖邦、贝多芬等音乐先圣出生于民间，承接着大自然的雨露精华，创造出天地间动人的音韵，而且音乐是跨国界的融和于中外的，我想，我国的《高山流水》古韵悠长，似乎与欧洲的多瑙河之波也是贯通

图3-21　日内瓦湖

图3-22　琉森湖畔

图3-23　金色的布拉格

图3-24　广场天文钟

而流淌的，深入于民心。

　　肖邦公园中的音乐凳，一触即唱。
小约翰·施特劳斯出生的小镇上，袖珍
的露天音乐厅，经常性的、高规格的开
展音乐活动。当我们在临别的前夕，正
值中秋之夜，游弋于多瑙河上时，乐曲
此起彼伏，溶入多瑙河之波中，飞升至
皎洁的月宫了！（图3-25~图3-27）

图3-25　波兰盐矿地面上的森林绿地

图3-26　华沙石缝里的绿

图3-27　于细微处

图3-28　花木丛中的埃菲尔铁塔

图3-29　凡尔赛宫后院

欧洲的绿化与园林布局，更有与文化艺术结合的独到之处。法国的凡尔赛宫，既有金碧辉煌的建筑、文物、绘画和雕像的精品，值得仔细品赏，而我透过后窗，仔细地观赏了凡尔赛宫的园林，那图案型、艺术型的人工雕塑与自然精巧组合的花坛、绿林相映衬，更有美感、艺术感与投身于自然之感。（图3-28、图3-29）

奥地利的美泉宫坐落在大片的绿地之中，大色块的花草图案可任人行走其间，人们可徜徉在喷泉下，更可攀上绿坡或走入常春藤廊架深处。还有著名电影"音乐之声"的野外拍摄现场供人回忆和遐想。而更让我感触的是在美泉宫的后墙前，茜茜公主的汉白玉雕像宁静地端坐于一角，一丛红色美人蕉正在绽放，就算作纪念的花束吧！（图3-30~图3-33）

俄罗斯之行，对我印象很深的一是贝加尔湖区的辽阔与林海，这片泰加林带中的贝加尔湖，以她一望无际的湛蓝，展示了她是

图3-30　奥地利醉人的湖光山色

图3-31　美泉宫广场

图3-32　绿篱藤蔓——音乐之声场景之一

图3-33　多瑙河之湾的斯洛伐克

图3-34　贝加尔湖落叶松林

全球最深（纵裂1630米）、最大（面积3万余平方公里）、最纯（湖水可见深度为40余米）的淡水湖，湖中小岛上西伯利亚松、落叶松、白桦纯林或混交，或老树单株苍劲。她是使人不忍离去，愿与之共度晨昏的净地。（图3-34、图3-35）

图3-35　顶风偏冠的劲松

图3-36　林中深辙路　　　　　　　　　图3-37　夕阳余晖中的针阔混交林

那几天的清晨，我走出二层木结构的小楼，远眺碧波拍岸、劲松平展，近观行道树穴中以松球果作覆盖，既"废物利用"，又起了在植物根部保湿护土的作用，于细微处见环保理念与实际措施。

在白天的行程中，看湖畔农舍遗迹，不加修饰地保留着民生原状。更在途径一带落叶松林下，行走于数列深车辙的土路上，我有感而请停车，动情地向同行朋友们介绍了我对此路况的类比推测。这种状况是冻土地初融时，车辆碾压而过所呈，辙中还留存有金黄色的落叶松针叶丛。我还酸性大发，小诗曰：

"林中深辙路，天地冬雪春。

教我悟节律，落叶偎树根"。

与朋友们交流了我的见景思情，而更有意思的是引得随行小导游一脸惊叹。（图3-36、图3-37）

二是圣彼得堡的冬宫与夏宫。冬宫的珍宝雕画被誉为"俄罗斯的凡尔赛宫"。而夏宫的园林又独具特色，雕塑与喷泉，有震慑之美，而各式喷泉点缀的林荫绿地，引你走向波涛拍岸的波罗的海滨。（图3-38~图3-40）

三是莫斯科的绿。在飞往莫斯科的飞机上，脑子里想到的是"莫斯科郊外的森林"，航行中看到的是水汽朦胧的真正是莫斯科的森林，知道其绿地面积占40%，有11座自然森林区，89个公园，400多个小型公园，800余个街心花园，真是座森林城市。红场与克林姆林宫被森林簇拥其中，克林姆林宫内的花园亦是巨树森森，古哲先贤与园林绿地和谐而宁静的组合，令人肃然沉思。而一些教堂墓地（新圣母公墓等），也都是广布树灌花草，哀思中充满生机。（图3-41、图3-42）

图3-38　宫庭园林

图3-39　夏宫园林

图3-40　落叶缤纷的大道（摄影：陈金华）

图3-41　俯瞰莫斯科郊外的森林

图3-42　比肩而居的英灵

图3-43　伏尔加河岸林带如锦

　　至于伏尔加河两岸的缤纷林带，使我在巡游中不由地想到我国的长江航道，在诗人李白眼中的"两岸猿声啼不住，轻舟已过万重山"的历史情景。而我面对伏尔加河两岸的林带秋色，不由地诵出："两岸林分织锦绣，天蓝水碧载舟还"，博得

图3-44　鸟翔织锦（摄影：沈健）

了同行友人的共鸣与掌声。一笑！（图3-43～图3-47）

　　我的域外之旅，主要是向绿而去，兼品文艺，更注重对比生态。但也有一次对古地史的印证之行，2010年春访北非的土耳其、埃及。

　　此次行程，横空沿喜马拉雅雪岭西向，再转至欧亚大陆交界的土耳其伊斯坦布尔。开始了概略地观光青少年时代教科书中的地史遗迹，真有穿越时空，神游"故国"之感。更是颠覆了印象中的"非洲相当于沙漠，古老等同于消亡"的片面观点。

　　土耳其的伊斯坦布尔是国际上唯一的地拥欧、亚两块大陆的城市。以长1560米、宽33米的悬挂式大桥，横跨马尔马拉海峡，将欧亚相连，更使北方的

图3-45　河畔朝霞（摄影：沈健）

图3-46　河中垂钓（摄影：沈健）

图3-47　木圆盘小径通向古教堂

图3-48　欧亚大陆桥（摄影：俞新兵）

黑海与东西两侧的爱琴海、地中海于此交汇贯通，可见其水陆要冲的关键作用。（图3-48）

伊斯坦布尔市内民族化、宗教化的氛围浓重而端庄，是朝觐与观光的圣地与胜地。著名的蓝色清真寺被誉为清真寺中的世界之最，21000块蓝色和白色的瓷砖建成的庙堂，壮观而肃穆。（图3-49）圣索菲亚大教堂圆顶高55米，穹顶跨度33米，气势庄严。托普卡古宫亦是一座拥有中世纪的宗教用品与古今珍宝的展馆。而市区内中、小型教堂、清真寺遍布，方尖碑、青铜柱点缀其间。古韵悠悠，亦很现代，是访古、观光、休闲于一体的城市。

图3-49　蓝色清真寺

图3-50　特洛伊木马进城古道

至于其他的观光点，我关注的是绿地、水系与岩体，更专程探访了荷马史诗中的特洛伊木马的遗迹，（图3-50~图3-52）也小憩于古露天音乐台边，伫立遐想，感慨系之！（图3-53、图3-54）

图3-51　古城废墟之一

图3-52　古城废墟之二

图3-53　希拉波利斯露天剧场（摄影：李星燕）

图3-54　烟囱形岩体（摄影：李星燕）

北美：洋流拥绕　沃野丰姿

北美大地具有众所周知的宽阔与富饶。我也曾对其东西南北的主要线路、典型绿点做过"半专业"性的观光考察。太平洋与大西洋之间的这块抬升起来的大陆，其西北角隔加拿大而拥有近至北极的阿拉斯加岛；西海岸有科迪勒拉山系纵贯直至南美；东海岸滨大西洋、太平洋至呈串珠般的夏威夷群岛。在这个范畴内，地史上变幻呈现出的类型诚然多姿多彩，让探访观光者惊异。

对于北美大地，我曾多次探访，既有专业性的考察活动，又结合探亲的出行观光，更有几处特别向往奔赴之地，所以于2013年初夏专程补点观光。我由亚洲穿越窄窄的白令海峡，抵达阿拉斯加。印象中以为主要是无垠的冰原与狗拉雪橇，但首先观察到苏西特纳峡谷中的沼泽湿地的寒温性针阔混交林，主要是窄冠云杉，间有桤木、赤桦所组成。

后行进在科迪勒拉山系北端的迪纳利山林沿线的中高山地段，及哈丁山地冰原上。此后下至滨海，还游弋在26个峡湾的航线上观测冰川形态和小岛林地。只见阿拉斯加岛上居民生活非常平静，有的家庭还拥有小型直升机，用于本土往返及参与救灾等。这使我一改"冰原一片"的印象。（图3-55、图3-56）

图3-55　阿拉斯加云杉林分

图3-56　基奈峡湾中的冰川

对于北美洲范畴的加拿大西段，在途经观光中，也惊异于其温润的景观之多姿多彩。

加拿大西海岸的维多利亚港，布查特公园中，巨大的温性针叶树和各式花草，使人仿佛置身在中纬度湿润地带的花园中，尤其亲睹了花丛中蜂鸟振翅而飞，不胜惊喜。又见国会大厦前两株酷似大象的柏树，发挥着生物形态门卫的作用。再结合大厦楼层间通体附生的常春藤，充满自然而和谐的气氛。（图3-57、图3-58）

加拿大西部的落基山系，沿途沟谷中，冰川晶莹于上段，中段两坡暗针叶林和针阔混交林密布，谷底则散布串串冰川湖，如弓湖、药湖、玛琳湖、佩投湖和梦莲湖等，真使人洗尘脱俗。更有王子岛及红石谷等名胜之地，让你思古。有时忽来一阵骤雪，覆盖得塔形针叶树银装素裹了。（图3-59~图3-61）

途中也造访了阿塔巴斯卡大冰原，见识了落基山中壮观的冰雪气概，而更有趣的是还参观了一处世界文化遗址，恐

图3-57　帝后大厦前的象形柏树

图3-58　布查特花园蜂鸟（摄影：汪永晨）

图3-59　玛琳峡谷

图3-60　玛琳湖

图3-61　路易斯湖

龙化石储藏展览馆，见到了历史长河中生物进化的一段特例，而且与馆外周遭苍茫的砂岩裸地，蘑菇"结核"相交。又是一处自然界丰富多姿的景观。（图3-62、图3-63）

图3-62　骤雪飘飞

图3-63　恐龙展览馆外荒地"蘑菇形"结核
（摄影：汪永晨）

　　北美西侧的落基山下，约瑟米蒂国家公园是全球创建最早的保护性的国家公园之一。河流和冰川切割的峡谷深沟使瀑布悬垂739米，气势恢宏，谷中以

美国红杉为主的巨木林，约
500余株，树龄2000~3000年，
胸径2~3米以上，树高50~60
米的比比皆是。曾见有公路从
巨木中穿行的古照片。这片林
被誉为"世界爷"。我远眺如
练的飞瀑，久久地行走在巨木
林中，为这"世界爷"级的珍
宝而祝祷，同时也想到我国西
藏高原上的雅鲁藏布江柏木，
从年龄和树木状况而言，也属
于"世界爷"级，而台湾的阿
里山红桧，以及澳洲的杏仁桉
树，可见"世界爷"级的树
木在地球家园中绝非仅此一
家，而是只要环境适宜，未受
干扰，树木的生命是较为绵长
的！（图3-64、图3-65）

图3-64　约瑟米蒂国家公园中落差763米的瀑布
（摄影：陈清泉）

对于黄石公园的地热奇景，森林景观，我向往已久，尤其在1988年黄石公园大火后，对树木更新前景，更想实地探查。此次探访已是大火之后的15年，我对黄石公园谷地地热温泉类型、风貌，尽量地收入眼底、留于心中，也对峡谷中的五彩岩层剖面和百米以上的黄石瀑布甚为景仰。而从林业专业的角度，更专注于黄石公园遭大火之后的森林更新状况。神奇的是这里普遍分布是一种扭叶松，其生命力和更新方式独特而坚韧，其树皮虽然较薄而脆，更遭火灾而亡。但其松果分泌蜡质包被种子，生命力能维持3~9年，火灾之后球果崩裂，弹出种子可在火烧迹地的灰烬中萌生更新，幼苗茁壮，这种自然界的适应性与生命力何其无与伦比啊，我为黄石公园的森林前景欣慰！（图3-66~图3-68）

美国西部还有一处奇

图3-65 美国红杉林

图3-66 遥观落差60余米的黄石飞瀑
（摄影：李星燕）

图3-67 黄石老忠实喷泉

图3-68　峭壁涂彩

图3-69　宏观的拱门

特的拱门国家公园，这是中西部科罗拉多亚高原，海拔1200~1700米的干荒区域，有1700多个红黄色自然石拱。据研究是科罗拉多高原脱海成陆时，砂岩下的岩层位移而带动上层岩石的崩裂、坍塌，构成了形态跨度各异的拱门，成就了特异的荒漠岩石景观。地表难见疏草，而耐盐植物柽柳成枯树状兀立。不禁想到我国新疆的胡杨"千年不死、千年不倒、千年不朽"的情景，都是在极端环境中生命力与耐受性甚强的表现。（图3-69~图3-71）

图3-70　拱门国家公园中旱生型的柏树

图3-71　大提顿国家公园景观（摄影：李星燕）

还有著名的美国中西部的科罗拉多大峡谷，科罗拉多高原中心部位遭受深切割形成了深700余米的V形谷，峡谷谷底最窄处约为120米。科罗拉多河侵蚀流经，展示出色泽变幻的多彩岩层。联想到我国的雅鲁藏布大峡弯，规模远在科罗拉多大峡谷之上，而且绿满峡湾。当然，景观之间，非比高低，而是各有特色。

此处也有一处人为建造的拉斯维加斯赌城，及其周围的干荒地带性霸王鞭、仙人掌类疏生群落景观。高大肥硕、枝刺密布的绿杆，在烈日下幻化照影，也反映了严酷生境的又一类适应性，是赴拉斯维加斯途中值得观光的一景。

美国的东部，连绵于大西洋，基本属平畴沃野。东北角与加拿大共享着尼加拉大瀑布，壮观的断层面上，水流汇集，直泻而下，浪花飞溅，但规模却小于加拿大一侧的马蹄形大瀑布。至于和南美的伊瓜苏大瀑布相比，罗斯福夫人则调侃地说，"像厨房里的水龙头"，这也太谦虚了吧！

至于人文方面，美国的东北部是文化、政治汇集之地，波士顿的两所高等学府举世闻名，我曾去哈佛大学参观和拜访前辈胡秀英老师，蒙她热情引领我行走在"最年轻"的草坪上（刚铺上），参观了洁净而逼真的玻璃花植物标本

图3-72　哈佛大学校园内巧遇学长

图3-73　哈佛大学标本室玻璃花

图3-74　哈佛大学引进我国的金钱松

馆，更同去了哈佛大学植物园，她还郑重地让我看数十年前从中国引种去的金钱松。胡老师爱自然、爱祖国之情溢于言表。（图3-72~图3-74）

至于我较长期停留和注意的地方，是美国东南的较湿热地域的植物区系和岛屿景观。我曾两次造访佛罗里达，独自造访夏威夷群岛并乘潜艇下至太平洋水域。（图3-75~图3-77）

图3-75　潜水百米以下的游艇（摄影：李星燕）

对于佛罗里达的湿地公园，其中的滨海、沼地景观与物种甚为丰富，展示了多种红树和气生根形态。

在夏威夷群岛中，既参观了"珍珠港事件"现场，也拜访了孙中山先生举义旗之地，随处可见热带水果香蕉、椰子、菠萝等成片、成畦。树冠如伞、花红似火的凤凰木，路边园林榕树的气生根，或悬垂，或扩展，成帘、成丛、更成林，呈现出热带旖丽的风光。（图3-78~图3-80）

夏威夷不但是一片地史形成的滨海之地，熔岩出海的火山岛链，还是近代岩浆仍在地隙中微波起伏的活动型地段，夜晚还常见水火气交结的情景，但居民不为所惊，习以为常。

图3-76　佛罗里达滨海红树

图3-77　火山岩上的"先锋"树种-桃金娘（摄影：李星燕）

图3-78　榕树气生根-独木成片林

图3-79　夏威夷榕树气生根呈林

图3-80　健身于凤凰木树荫下（摄影：李星燕）

南美：奇瀑奇林　极南极静

2009年时，我虽已年近八旬，才第一次赴南美由亚马逊至火地岛访探，开启了我专业与人生的第三度青春。对于亚马逊赤道地带的热带雨林和火地岛极地的寒性植被，是我们林业专业人员衷心向往的"圣地"。而且我是怀着与我国西藏高原的"冰、水、草、林、脆"五大生态类型作对比性观察而去的。

见识了莫雷诺"高坝式"的冰川和麦哲伦岛前的谷口冰积扇，而此冰积扇不仅宏观，且顶面上呈"方天画戟"的冰尖群，又丰富了我们对"高极"地区山地冰川类型的认知。（图3-81、图3-82）

世界五大瀑布之一的南美伊瓜苏大瀑布，以宽8公里的断层、275股瀑布呈马蹄形、大落差而下泻，真是声震山河，与我国雅鲁藏布江大拐弯峡谷的一泻千里的水系形态有别，而气势是相同的。（图3-83、图3-84）

图3-81　高坝式莫雷诺冰川（摄影：李星燕）

图3-82　麦哲伦半岛沟谷冰川　　图3-83　伊瓜苏大瀑布　　　　图3-84　伊普泰水电站
　　　　　　　　　　　　　　　　（摄影：沈孝辉）

　　至于南美的巴塔哥尼亚大荒原，虽属于荒漠类型，但疏草连片，矮草（高10~20厘米）、中草（高30~50厘米）群落覆盖率50%左右，所以这里无黄土裸露，少扬尘飞沙，与我国西部的荒漠化，区别在于疏草均匀分布，人为活动甚少，故我视其地类型属荒而不漠，更没有荒漠化！（图3-85~图3-87）

　　我们两次敬谒亚马逊热带雨林，一次是乘坐摩托艇深入"水中林"内，一次是乘坐小型直升机低空航观，对呈绿岛、绿块、绿丝带、绿珍珠似的热带雨林巡视，体会到季节性浸水的热带雨林，在习性与生存状况上的特异，但也看到这些珍稀硬木被过度砍伐后而呈现的绿色浮草覆盖，却非绿林的景观。（图3-88~图3-92）

图3-85　巴塔哥尼亚（摄影：沈孝辉）

图3-86　巴塔哥尼亚荒原（摄影：沈孝辉）

图3-87　荒原纵览（摄影：俞新兵）

图3-88　水中森林景观

图3-89　雨林中板状根

图3-90　雨林伐后绿草覆盖

图3-91　林区与荒地支流汇合

图3-92　直升飞机上俯瞰亚马逊河
（摄影：俞新兵）

　　热带雨林在种群组分上的丰富、生长习性上的奇异、形态结构上的多姿，提供了我学习与思考的一场"盛宴"，专业收获极大。

　　的确，不同于欧洲以温带为主的四季分明的气候条件，南美的亚马逊河流域地处热带，这里没有四季，终年如一的炎热潮湿，让植物可以按照固定速率生长——一天12小时、一年365天，争分夺秒。再加上历史原因，第四纪冰川对北半球，尤其欧洲的侵袭，更是让欧洲物种在数量与种类上都不占优势。

　　"真像是'刘姥姥进了大观园'，这是我们生活在中纬度地带的人无法想象的景观"，这也是南美热带植被的四大特点：

　　一高——树高、灌木高、草高，仅草就高达5~8米；

　　二大——树冠大、叶片大、花朵大、果实大。比如，有的叶片长度可达2米，宽近1米，王莲的叶茎竟达2米。而玉蕊科的炮弹树，其果实挂在树冠上，真如"炮弹"大小；

　　三适应性强——板状根、气生根等恣意生长，"绞杀"寄主。树干上的休眠芽萌动、生花、结果，藤本植物由冠及地，垂直郁闭，各色野花群聚生长，构成一处处"空中花园"；

　　四奇特——奇花异草的种类之多、形状之异。比如一株胸径1米多、树高40余米的大树，树干由基部向上，密密地萌出小枝，粉色的、奇形的花朵"落英缤纷"。而花朵之奇，奇在折叠式的、玉色的花冠下部，着生着近百丝雄蕊。（图3-93~图3-95）

　　南美之旅的最后一站是火地岛，这里与南极隔海相望，而我们此次的终极目的地就是"火地岛自然保护区"。其所在的乌斯怀亚小镇，被称为"地球的南大门"——这里的各种标志和设施都被冠以"最南"二字，比如最南的邮局。

　　当我们驱车至南北美洲3号公路的尽头，进入火地岛自然保护区，首先看到的是阴湿地的寒性针叶林，间以杨树、桦树等落叶阔

图3-93　潘塔那尔湿地（摄影：沈孝辉）

图3-94　炮弹树老茎开花（摄影：沈孝辉）

图3-95　长2米多的叶片
（摄影：沈孝辉）

叶树。有趣的是，一些球形的黄松萝与绿松萝，或滚动于地，或悬挂于灌枝上。而浅水沼泽中的水獭，将杨桦等树干咬断，做坝建巢。对此，管理处对应地实施保护措施，让人与生物和谐共处。（图3-96~图3-98）

使人想不到的是，火地岛公园还有几处木屋咖啡厅，对我来讲，有感于此天涯海角冷僻之处，还周到地考虑为稀少的来访者服务。而小木屋的形式更使我从简朴中感受到自然与温馨，此行收获颇为奇幻丰盈！

图3-96　火地岛国家森林公园

　　这次南美之行，除了林业专业的收获外，自感应有传道交流之责。当时
"生态旅游"之词被泛化，境外旅游多属"到此一游"的拍照和无论贵贱的购
物状态，却冠以"生态旅游"之名。而个人认为：对于旅游活动，至少应提倡
"旅、学、游"，重视学文化、学礼仪、学知识、学保护。

　　至于对我们生态环保同道的友人而言，在大自然的课堂中，访奇探异，边
学边交流，而我则"知之为知之"地有问必答，使我们在"行、观、学、思、
交、保"的过程中，充实而愉悦地进行着生态观光之旅，并进行国内外景观对
比思考，珍视本国独特的山水盛景。（图3-99）

图3-97　森林管护（摄影：沈孝辉）

图3-98　地球最南灯塔（摄影：俞新兵）

图3-99　天梯教堂

附文：亚马逊纵览流域　极奇极丰

里约热内卢的城市生态景观一瞥

里约这个城市，对我来说，印象最深的是国际环保公约的签署地，想象那里的生态环境应该是较好的。暮春3月，我们经欧洲转飞南美，到了含义为"一月之河"的里约市。它位于南纬22度大西洋沿岸瓜那巴拉海湾，被誉为"水绕城，城围山"，并且是全球城市森林面积最大之地。这里有著名的耶稣山和面包山。耶稣山高710米，山顶耸立巨大的耶稣塑像，展开双臂，俯视众生，就像纽约的自由女神像一样是一个地标建筑。而面包山海拔396米，形似竖着的面包而得名，两个山头之间有空中电缆相连，昼夜接待观光游客。白天的海天一色，夜晚的海湾灯光，以及丛林、大树、绿地，的确是一个上佳的旅游城市。

里约是一个开放的移民城市，也是一个"贫民窟"聚居分布较为集中的地方，而且多分布在面海的山体中段，地势环境较为优越，这和政府提供水电交通的实施有关。而"富人区"多分布在山坡下段，近海滩地。

从介绍和观光中使我印象深刻的有突出贡献的两位名人，对里约的环境和建筑有历史和现实意义。一是现年已101岁的奥斯卡·里迈耶，他是联合国大厦的建筑设计师，在里约设计了一座印第安茅屋式的教堂，内部完全由自然光源照明。充分体现他的环保的建筑理念和庄严肃穆的虔诚氛围。第二位是昔日巴西的君王佩德罗二世，他是一位植物学家，里约之所以成为最大规模的森林之城恐怕与他的专业情感和推行措施有关。这里是大西洋森林分布的典型地段，我们参观的热带植物园中，大西洋原生的树种、植物丰富而茂密。奇花异果、"空中花园"、老茎生花、气生板根等热带雨林的特性显现，使我这个常在温带林区考察的生态工作者就好像"刘姥姥进大观园"一样，边观察、边拍摄，欣喜万分。因此，首站就让我们进入了真正的生态旅游状态。

当之无愧的环保明星之城——库里蒂巴

这是一个中小型城市，位于南纬25度南回归线附近。这个城市从规划布局到交通设施，尤其是废地的利用，均体现出了环保理念，而且进行了有效实施。从房屋建筑来看高楼不多，集中分布在中轴线上，四周的小区多两三层的民居。街道顺畅而安宁。这里的公交系统非常完善，候车站透明管状结构两到三管并列，更有便利残疾人上下车的设施。公交线路系统把快速线、直达线、区间连线和输送线组成了一个顺畅的、清洁而节能的交通网络。

城市在保护环境，利用废弃地和展现民族特色等方面有着很好的设计理念和环保效果。我们参观了几处有民族风格的景区，如俄罗斯教堂式的建筑，周围有大片的巴拉那杉树林；波兰民族园中的古典农庄布局和哥白尼的塑像；德国的格林童话园林中青少年的环保讲座等，都有自然的、科学的、环保的特色。而更有改造垃圾场成植物园，利用废矿坑建成水上露天音乐厅和原生林中的木结构长廊的环保教育研究中心等。这些都是"变废为宝"、发挥生态环保效益的、极佳的创意和设施。

我们还参观学习了一处市长"现场办公"场所。在一个50~60米长、20米宽的地段上的天棚长廊，其两侧各有十余间办公室，各业管理机构现场办公，如失业登记办公室的旁边就是介绍工作和培训的机构。尤其一间办公室是"派出所"，一桌一人，未见安全问题需要解决。市长助理萨曼达女士为我们详细介绍了各室的功能，并陪同我们去参观了一个平民仓库商店，服务对象为低收入的家庭（月工资低于650巴元/1巴元=人民币4元），商店里的日常食用品有200多种，较市场价格便宜30%，60岁以上的老人可优先购物。更有提供大众住房，以4袋分类垃圾换一袋食品等的优惠等等，这些内容对我们有着很大的启示。在告别时，我由衷地向萨曼达表达了对他们的精细、全面、环保、节约的管理系统的敬意。这位盖默·勒那市长在治愈城市的环境与社会综合症方面的作为真是令人崇敬。库里蒂巴的确是当之无愧的环保明星之城。

丛林沼泽——生物的绿家园

由库里蒂巴向西到大坎普，也就是由滨海地带到与巴拉圭界河区的潘塔那尔湿地。这片湿地面积大到19万平方公里。丛林沼泽是南美野生动物两大主要分布区之一（另一是亚马逊河流域）。这片大湿地多属于私家庄园牧场，国家法定庄园只经营畜牧业，不搞种植业。这就避免了砍伐丛林、开沟排水等的改变沼泽状态的措施，而牧场地必须保留20%的原生林，使丛林沼泽和野生动物有稳定的生长发展的空间。

我们乘越野车5小时，前往"鹦鹉之家"。途中沼泽湿地辽阔起伏，过木桥若干。到达了兼科普教育、旅游、牧场为一体的庄园，农村自然特色显著。我们乘小船在戈海多索河上观两岸丛林景观和野生动物。以豆科植物为主的乔木高15~20米，树冠开阔，林内灌草丛生，板根、气生根多样。鳄鱼、水禽时隐时现，水面上浮水植物水浮莲、含羞草随波摇，在如此宁静而清新的环境里，我们观察、讨论、思考了很多专业问题。同时向导还安排我们垂钓食人鱼，当时想我曾经在北冰洋巴仑支海上钓到过一条长35公分的鱼，而且用的是玩具式的钓饵，这食人鱼肯定能钓到，但未想到其他朋友都有收获我却没有。后来在参观食人鱼标本时，我数了它口中的尖尖的白牙是28颗，立即告诉大家齿数与人同等，引起大家会心的微笑。

在大沼泽，打算骑马涉水，去高塔远眺，可惜因暴雨未能前往。至于夜间越野在沼泽地上，观察夜行动物收获颇丰。在告别"鹦鹉之家"前，我们看到大树上栖息着若干鹦鹉成双成对，空中飞着成对追逐的鹦鹉，连厨房里都有鹦鹉飞进。而整个庄园有各式展览教育、休息娱乐的布局和设施，宁静而有序，使我联想到我们的灵山生态科教基地。虽然主观愿望想作成自然的、净化的、不以经营为第一目的的生态庄园，但却因经济来源问题，趋于萎缩的遗憾状态。

离开大坎普，我在飞机上俯瞰下方，只见城市范畴内，房屋掩映在树丛中，而稀树牧场则是一块块不整形的绿地被树带所包围，不禁使我这个生态工作者深为慨叹"绿满大地，未见裸土"。这里真是生物的"绿家园"。

珍奇的水中森林——亚马逊

我们飞抵临近赤道以南3度的玛瑙斯，怀着进谒的心情走向亚马逊。这是一条世界著名的最庞大的水系，由安第斯山系东流，经9个国家1300条河川，网状汇聚于玛瑙斯和奥比杜斯而入大西洋。亚马逊从水资源来讲占全球地表淡水资源的12%，是全球面积最广的冲积平原，是全球三大热带雨林之一（南非，东亚）。亚马逊的森林面积750万平方公里，占世界的三分之一。森林中的乔木树种有4000多种，动物万种以上，鱼类3000多种。

而更有特色的是亚马逊森林多为季节性消长的水中森林，如此奇观使我们这次两进水中丛林，更专乘小飞机上（仅坐5人）近地表层（500米），俯瞰亚马逊的黑、白河（内戈罗河）交汇奇观。更看到一条条、一带带、一团团水中森林与河水相间交融，真像漂在水上的绿丝带和千万座绿岛。

我们乘快艇穿过宽约50公里的水面，进入亚马逊河的主干道。两岸是被砍伐后的次生林和水上印第安小屋，我有些失望。但当进入支沟窄道时，看到了郁闭的原生水中森林，水面以上胸径1米多板根发达的大树，当我看到"绞杀"状态的典型树木时，为了拍摄，大呼"绞杀，绞杀，后退，后退……"，全船朋友都同声高呼，把向导和船员都吃了一惊。而我却很宽慰地感到自然界这个大课堂，给了我边看、边学、边交流和边"传道"的现场。

在水上森林区内，印第安人简朴的生活、自然特色的旅游接待，也增加了我们的生态旅游的丰富内涵。在玛瑙斯我们还参观了有关亚马逊的动植物标本，进一步加深了对亚马逊森林特点的认识。热带雨林的特点：一高、二大、三适应性强，高是树高、灌高、草高、藤长；大是树冠大、叶大、花大、果大；适应性强反应在生命力、生长速度、分布扩展、根系变形等方面。

亚马逊的经历虽短，但是却留下了极为特殊而深沉的印象，此行不虚而意犹未尽。

大瀑布与小鱼道

伊瓜苏大瀑布其名称是"会唱歌的石头"，分布在巴西与阿根廷交界处，两国都有极佳的观瀑景区。世界五大瀑布之一，火山断层构成了一个巨大的宽8公里的马蹄形拐弯，275股瀑布，落差达72米，水花可以飞溅至150米的高度，形成水帘雾幕。我们从巴西和阿根廷两面，饱览了大瀑布的千姿百态，尤其看到断层面上辽阔的平缓高台，想象着昔日地史变化的过程和奇迹。先人曾说"像一个大海泻入深渊"，而美国罗斯福夫人曾说："我那可怜的尼加拉瓜与这里相比，简直就是厨房的水龙头"。我也去过尼加拉瓜，虽然没有"水龙头"之感，但在规模上的确无法比拟。

在大瀑布地区，巴西与巴拉圭合作，建成了伊泰普水电站。1974年动工，17年建成，坝高196米，坝长1500米。总蓄水量290亿立方米。电站解决了巴拉圭95%的电力供应和巴西28%的电力消费。但是大坝也淹了十多万公顷的土地，影响到水生生物淡水鱼类的生长和回游。建站10年后，修了3条鱼道。有自然式的，有阶梯式水渠的，长约10公里，归还给鱼的回游产卵环境。效果显著的是淹没区河里的39种鱼有33种通过鱼道成功回游。每年回游的鱼量已恢复到原有的70%。

如此设施突现了保护野生动物的生存理念，所以水电站还建了一座生态园。在保留的亚热带雨林区给原有的各类生物生存的空间。当然是在加以人工保护地辅助设备条件下，这也就给参观旅游和生态教育提供了一个学习的场所。我们就在其中见识了很多植物种和野生动物，不但看了大瀑布、大电站等自然和人工景观，同时在与野生动物的接触中回归自然，又做了一次真正的生态旅游。

南美大冰川——活动着的大冰坝

阿根廷的大冰川位于南纬50.5度范围，在安第斯山脉向南延伸的巴塔哥尼亚山系的坡谷中，山的平均高度2000米左右，一座穆拉永山峰高达3600米。冰川流水汇流入阿根廷湖再经过圣客鲁斯河入大西洋。阿根廷大冰川群是全球南极洲格陵兰岛、阿拉斯加、中国喜马拉雅山地冰川等的另一类独特类型，是属于中山孕育的高坝式巨型冰川，共有大小冰川47条，尾闾缓缓入水。

我们沿阿根廷湖向莫雷诺冰川前进。阿根廷湖是个面积1414平方公里的大湖，水面海拔高度215米，水深平均187米，深达324米。湖区常年气温在2℃，所以它的水波似冰，豆绿色的水纹厚重而凝固，实际是临界冰点以上的缓流。

我们先乘快艇在阿根廷湖上近距离观看冰川，一座宽5公里左右，高60~70米的巨型冰坝极为壮观。而且冰坝的下端多呈程度不同的蓝色，这是在积雪、成冰、成形的过程中，缓慢致密长期形成的。在湖上看高坝蓝色"浮水"的冰川，两岸山坡上垂直带明显的灌丛森林红绿相间真是奇观，更是壮观无比。此后我们又沿麦哲伦半岛由上向下看到面积275平方公里，纵深37公里的冰坝顶部，由远及近、由高及低，一大片"方天画戟"式的冰峰林立，面对着麦哲伦岛的尖端，两侧被里科河及阿根廷河的支线环抱。

而莫雷诺冰川目前仍然是"活着"的冰川，每天前进30厘米。但是由于整体性的气候回暖，冰雪消融补给减少，所以南北巴塔哥尼亚冰源的冰川，47条冰川中有44条在不断的退缩。冰川崩塌现象由夏季的3~4年出现一次，到目前出现的冬季崩塌的异常。而全球冰川的消融情况也很为显著。如南极冰盖，近10年来占总面积七分之一的冰体消失。靠近南极圈的秘鲁也以每年十几米到几十米的消融，远远大于往年消失3米的速度。欧洲的阿尔卑斯山在过去的一百年内有一半以上的冰川消失。又有估计到2050年全球将有四分之一以上的冰川消失。今后壮观、奇观之景还能维持多久？水源的补给还能出现怎样的情景呢?可见活动着的冰川实际上是消退着的冰川。

"有风无沙"的大荒原

我们由布宜诺斯爱里斯向南，经过潘帕斯草原到巴塔哥尼亚高原去。称其为高原，其实是海拔500米上下的高地，地域辽阔，起伏平缓，此时进入秋季，草被转黄。我们从鸟瞰到近观，原以为是荒漠地带，但是从西边的山麓坡地看来，虽然也有塌积坡，但范围小、坡度缓，而且覆盖着疏草，也有侵蚀沟，但分布稀疏而且浅层，未见裸露扩展的趋势。

这里的气候总的状况是年降雨量300毫米左右，西来的干燥风常年劲吹。但是目光所及植被随地势起伏，有10~20厘米的矮草群落，有30~50厘米的中草群落，间有小灌丛，几乎全地面覆盖。而少见沙、石砾裸露区。还有零星的牧民住房，周围被钻天杨所环绕。从这里的植被情况来看不属于荒漠，更没有"化"，没有裸露的、逆行的扩展趋势。所以我们感觉这里是一片自然的大荒原，草被虽矮、疏，但几乎是全覆盖。

附近的卡拉法特小镇虽位于荒原中，但小镇布局得有序，而且各屋形式多样。整个街道更有一种窗明几净的感觉，因为这里是一个有风（我们当日感觉到3~4级风），而无沙的环境。这大概就是荒原与荒漠的显著差别吧。

站在地球的南门口

我们此次行程到达南美最南的南纬55度的火地岛乌斯怀亚。这里与南极洲遥遥相望，西与智利长廊相邻，只是遗憾的没有能到合恩角。火地岛之名来于发现此岛的人，看到印第安人点燃的一丛一丛篝火，这里是寒温带冷湿型气候区，大西洋，太平洋冷暖气流交汇，海上终年大雾，冰雪，飓风。连绵的山地海拔600~800米以上就是冰雪覆盖，植被由上至下主要是苔原带、灌丛带、阔叶混交林带和针阔混交林带。

我们此次经历了很多世界最南，乌斯怀亚是世界最南的小镇，镇上有世界最南的邮局和银行。在比格尔海峡上有世界最南的灯塔、鸟岛（假企鹅、海豚岛）等。

乌斯怀亚由原来的雪山、寒温带森林、海湾礁石，经过放逐的囚徒开始建造。历经了百余年，现在成为了一个袖珍的依山傍海的街道和社区块状格局的旅游业小城镇。房屋建筑多为欧洲各移民国的特色。这里真可谓是天涯海角，距离阿根廷的首都有3218公里，而与南极洲只有800公里之遥。给我们印象最深的是火地岛国家公园。在寒温带针阔混交林和草甸森林中，我们既观景于雪山，冰湖的湖光山色，绿草丛林（林带黄绿相间），也对这里树、草、苔藓、地衣等的生长分布极感兴趣，连连拍摄，更观察到河狸筑坝造成草甸森林被淹、枯木站杆的景观。

火地岛国家公园是世界最南的自然保护区。这里是南北美洲公路的尽头，从北美的阿拉斯加环美洲公路到此的3号公路终点，全长17848公里。我们再从木栈桥走向海湾边，真有人在天尽头、芳草萋萋、万籁俱静、海阔天空的安详之感。这里还有世界最南的淡水湖（罗贝湖），周围森林环绕、雪峰倒影，居然还看到林中有一座座的小木屋，真感到天涯处处有"小木屋"式的家园！

典雅的文化之城——布宜诺斯艾利斯

我们由地球的最南端，以自然生态为主的环境中飞回布宜诺斯艾利斯，立刻融入城市气氛。但这个城市现代化的建筑与历史文化融汇得很为和谐，各种著名的建筑如教堂、皇宫、大本钟、独立纪念塔等各有特色。而更反映文化氛围的是城市中分布着1100多座雕像，既有帝王将相、民族英雄，也有世界名人如哥伦布等。广场中雕像与古树相互辉映，绿化喷泉配置有序。我们还参观了一处墓地，从国王总统到富人贫民，无论老少其墓地都相依相偎地排列。建筑和雕塑各寄托着思念。我们还到郊区去参观了一个农庄生态旅游点，相当于我国的"农家乐"，但这里是以纯朴的农庄自然氛围为主。稀疏分布的农舍平房，展出历代使用的农具，游园用的是无蓬的、农用的、普通马车。一节旧火车厢做成一个销售民族商品的小商店。一座旧谷仓就是一个大型的餐厅和舞台，欢声笑语把来自世界各地的游客都调动起来，边吃边喝边唱边玩。农庄有的服务员既是演员又是饲养管理员，跑马演出，让旅客在树阴下休闲、购物，享受郊区田园牧歌的风光。

我们还参观了一处水域两岸的居民别墅区，家庭房舍，沿河码头和小艇组成一个个小单元，在水中往返自如，沟通水陆城郊，生活很为方便，被誉为"南美的威尼斯"。城市中心还有一处面积有数十公顷的玫瑰园，它的周围多属富人区。悠闲地锻炼、闲坐、日光浴，在南纬35度左右的地带这样的氛围，生活方式是独具特色的。只是遗憾于玫瑰园没有开放，我们游走在它的水道小溪岸边，身心都被浸在雅致的文化氛围，玫瑰花香的空气中，也算是聊以补偿了！

此行感悟

亚马逊之行是偶然也是必然，偶然于年近八旬已经不做远游考察之想。必然于终生向往自然，更神往亚马逊已久。遇此机遇当然排除具体问题立即成行，而收获极奇极丰，从此又一次打开了我心灵之窗，开始了专业的五度青春。考察体验、学习思考、交流"传道"、对比建议，但祈为我的生态事业、为我国的生态保护与治理有微薄的奉献。感谢大自然赋予我以课堂，给我以三尺讲台，提供我高水平的受众，让我在天涯海角吸收自然之精灵，激发潜在的活力，进入了垂暮的专业的青春期，我将继续走下去，在生命和精力允许的范围内。

2009年5月12日

澳大利亚（大洋洲）：独岛独石　温性雨林

2015年春，我对独立于南半球大洋中的澳大利亚进行了探访。在友人的精心策划下，我们通过两条线路，分别抵达著名的悉尼港。

一是由市区经"座椅公园"，先观赏了乡土的和引进的多种异形奇花的热带植物，有须根如帘似柱集群的榕树，有树干呈巨瓶的猴面包树，以及各式仙人掌和侧向伞形的"半枝莲"等。在满足了我们初识植被景观的需求过程后，见识了巨型"贝壳"群的悉尼歌剧院。

另一条路线是乘坐游艇，驶向世界第一单孔拱桥（跨度502.9米），登岸观光，迎接我们的是与人友善的海鸥，在人们的头上与肩旁起落鸣唱。人们多专注于对著名的悉尼歌剧院远观近眺，而我却对歌剧院对面墙上蜿蜒匍匐的榕树气生根的恣意生长较为关注和欣赏。在这里，游人、海鸟、林木"游"根，各自惬意地生长状态，令我愉悦。（图3-100~图3-103）

蓝山国家公园是近郊的一处特色景观，长桌状山脉反映出古火山喷发的地史，连绵25万公顷的桉树林散发出芳香脂，的确有朦胧的蓝雾之感。山坡上还有三座水平砂岩的"石柱"，被称为"三姐妹峰"。这一处天然的地质与植被景观引来了游人如织，而我们更向山沟的蕨类茂密的灌草丛林内走去。（图3-104）

澳大利亚中部的内陆沙漠荒原中，有一处世界最大的独立岩体，名"艾尔斯岩石"，土著爱称其为"乌鲁鲁巨石"。岩体的1/3出露地面，高384米，周长9000米，苍黄色巨型"石蛋"，在晨光和夕阳的照耀下，或金光闪闪，或紫霞如蔚，而区域性的植被是旱性疏生的桉树及蔷薇科、豆科的多刺灌木针茅草等。（图3-105）

至于滨海的沟谷地段，却孕育了丰富多姿的珍稀植物。我曾在空中缆车上观凯恩斯的沟谷雨林的浓绿、多层、巨树、奇叶、藤蔓等不同植被组分，使我

图3-101　巨型榕树

图3-100　歌剧院对墙榕树气生根蜿蜒

图3-102　公园内的气生根群

图3-103　海滨绿荫

图3-104　辽阔的蓝山森林公园
（三姐妹峰和桌状山）

图3-105　世界最大独石—乌卢鲁

见识了"世界最古老"的雨林的丰姿！（图3-106～图3-108）

墨尔本的皇家植物园，也是我们林业专业人员的向往之地。途中专程拜见了其中的裸子植物区，众多的温性松、杉、桧等针叶树木粗壮挺拔，胸径1米以上至2～3米的尖塔形立木，力枝横展荫蔽。虽然只有匆匆一瞥，但印象深刻。

我们的最后一站是越巴斯海峡的塔斯马尼亚小岛，原以为只是造访澳洲最南的一处独立于大洋洲的小岛，其中的摇篮山景观。观察到此山是一座火山断续喷出的一高一低的火山口，清晰地倒映于山前谷盆的鸽子湖面上，四周枯倒木（桉树为主）及禾草丛散生，倒也宁静而古意苍茫。

然而当我们走向湖区深处时，却看到一处沟谷阴润、针阔叶大树耸立、树干及地面苔藓遍布的温性雨林景观，这使我大为惊艳！联想到我国西藏高原藏东南波密岗乡海拔2700米谷地的林芝云杉为主的温性雨林，以及东非恩格鲁巨盆之缘的阴坡，海拔1000米左右的温性雨林。我深深地感怀到全球之大，"地域异"而"生境同"，则可呈现同类型的植被景观，这是大自然规律性的反映！

在这里我更看到一间林中小木屋，其中展览了几位欧洲"拓荒型"的科研人员（其中更有一位女士），长期工作、生活的遗迹。对科研工作者走向天涯，从事专业、远离繁华、归于自然的心境颇有同感，联想到我40年的西藏的"小木屋之梦"的历程，真是感慨万千，既有共鸣的温暖，又有历史的沧桑。（图3-109～图3-112）

图3-106　雨林空中缆车（摄影：徐凌）

图3-107　凯恩斯热带雨林内景

图3-108　附生的鹿角蕨

图3-109　摇篮山与鸽子湖

图3-110 古老的温性雨林

图3-111 温性雨林中的　图3-112 温性雨林边的科学之家
绿毯小径

东南亚：根劲林丰 生灵诚旺

柬埔寨

柬埔寨是东南亚热带雨林—季雨林的一处佛光悠然的袖珍国，我们既观光了著名的"通王城"（大吴哥）和小吴哥寺、女王宫等宗教文化、雕刻艺术的景点，而更震撼于"吴哥的微笑"这座石文化与佛教文化神奇的结合，以及植物生命力与建筑被毁坏后的进退渗透之展现。（图3-113）

巴戎寺是一座独立的水平岩层石砌的山体，中心岩高40余米，岩体上呈阶梯垒砌了54簇莲蕾式、高5米左右的峰尖，每座小峰体四面各雕有4米高的佛面，体现出"慈、悲、喜、舍"的佛像，这216尊圣佛，静观四方众生，展现出悲天悯人、彻悟净明的普渡胸怀。（图3-114）

图3-113 大吴哥景区（摄影：陈金华）

观光至此，怎能不体会到这"吴哥的微笑"对心灵所起到的净化作用，更理解到当时的建造者们的信仰精神和付出血汗之功！

这种独具特色的石佛文化与埃及的石建筑文化，以及我国诗文石刻文化，均属于世界历史文化遗产中的精品，值得人们珍视与护卫。

对我更有专业启发的是植物生命力的强烈渗透功能的体现。反映在塔布隆寺、圣剑寺和崩密列的遗迹中。这三座深藏于热带雨林区的宗教圣地，而今已呈废墟，除世事兴衰外，更反映出热带植物的生命力和世代更新的再生力与人类社会的对应性较量。（图3-115~图3-117）

图3-114　四面佛
（摄影：范霄鹏）

图3-115　根包塔景观
（摄影：陈金华）

图3-116　宏伟的板状根

图3-117　地表的网状根系（摄影：陈金华）

植物的活性、扩展、再生，促进了建筑物的颓败。正如先哲所说：比人更长久的是建筑，比建筑更有力的是自然。热带雨林的各种树、藤，以及"根包塔"为主的附蔓，多类型、多形式、持续地扩展之功，展示了自然界更替荣枯的规律，给人类以精神的启示。（图3-118~图3-120）

图3-118 辫状根系

老挝

位于东南亚的邻国老挝，与我国南疆云南山水相连。我国的云岭南延，构成老挝北部山体，海拔2820米的比亚山，被视为东南亚的"珠峰"，我国的澜沧江流入老挝，称之为湄公河，因而老挝的植被类型与民族风情基本与滇南近似。

在我刚刚踏入老挝"国门"时，年轻的导游朋友就愉快地告知"这是一次休闲之旅"。诚如所言，老挝古称澜沧王国，民主平和、笃信佛教，而在我们抵达的第一站琅勃拉邦，就感受到了这种氛围。（图3-121）

琅勃拉邦是老挝的著名的古都和佛教中心，这里的街道袖珍整洁，行人含笑致意，寺庙宁静庄严。其中的香通寺为东南亚第一大寺，当中的一处佛堂的侧墙上，有以五彩琉璃、贝壳等镶嵌制作的"生命树"，把生命系统的演进过程、各式动物

图3-119 柬埔寨，气生根的初期

图3-120 洞里萨湖区的高脚屋
（摄影：范霄鹏）

的亲缘进化、从猿到人的智慧发展，朴素而哲理的体现，使我大为惊叹先民的先知先觉。（图3-122）

清晨一些地段出现了僧侣化缘祈福，市民和游人随缘供奉及观光的交流仪式，呈现出和谐的人性光辉！（图3-123）

图3-121　老挝湄公河畔

图3-122　展示演化过程的树状生命系统

图3-123　供奉

图3-124　湄公河畔观落日　　　　　　　图3-125　达光溪瀑布

　　而傍晚，在湄公河边闲坐，静观落日，岸边榕树须根悬垂，菩提树和滴水叶尖水滴晶莹，环境静谧而诗意悠然，即兴赋诗一首：

　　两条平行线，各自走天涯。

　　交叉又曲折，大自然是家。（图3-124）

　　沿湄公河南下，老挝的南端既有热带季风雨林的达光西瀑布景区，也有"小桂林"之称的万荣，可漂流泛舟，可跳水蹦极。（图3-125）

　　最后观光于首都万象的塔銮广场及周遭的繁花丛下，时间虽短，却达到了皈依自然的休闲身心之旅。

尼泊尔

　　位于东南亚的尼泊尔，是与我国共山、分岭的近邻，由于地处喜马拉雅南坡的迎风面，印度洋的温湿气流覆盖着山岭沟壑，其浅山地带多属热带雨林—季雨林带，一年2~3次成熟的层层梯田中，间以丛生竹、热带果木和温性乔松林及阔叶混交林等。（图3-126~图3-128）

　　这一带人口密集、寺庙众多，其民风、信仰与我国的藏民族同源同宗。中尼边境的樟木口岸有一座"友谊桥"，这座大桥是民商交往的一大通道，也是我们2010年春，一行数人访尼的通道。

图3-126 绿得滴翠的稻田

图3-127 翠竹丛生

图3-128 博卡拉索桥

图3-129 空中敬谒珠峰（摄影：余新兵）

　　对我来说，此行非为观佛景，唯一计划是航飞绕喜马拉雅山系，拜谒珠峰于高空。我曾在中国境内两次赴珠峰大本营，但对喜马拉雅山最高峰珠穆朗玛峰的仰慕之情难以平息，而多次川藏航线，西南的山川冰峰吸引我深入探析，两次往返的喜马拉雅—迪拜之行，那雪山横亘、冰舌延伸的景观更吸引我对山系总体的敬谒观察。

　　此次尼泊尔的珠峰环视，总算对全球高山雪峰群做了宏观的纵览，那种横贯南天、晶莹起伏的雪山群峰、林海绿波层次分明、上下呼应的奇景，真使我的心灵经历了一片冰心、脱俗归真，永做一名保护自然、关爱生灵的自然子民的洗礼！（图3-129~图3-131）

图3-130　喜马拉雅山南坡雪峰高耸、林带绵亘
（摄影：余新兵）

图3-131　喜马拉雅群峰

日本

　　日本是与我国隔海东临的岛国，富士山是海拔3650米的一座独立而端正的火山口，被其誉为国之标志。

　　我曾经两次造访，第一次是31年前的1987年，参加国际山地森林景观研究交流会。当时我国参加会议的有四人，一位负责岭南山地森林成果介绍，三位分别负责贵州熔岩地区森林、川西森林和我的藏东南岗乡高蓄积量林芝云杉林的论文介绍，似乎组成了一束我国西南山地森林景观资源的科研成果群，颇受与会者的关注。还曾有同行向我表示，愿进行国际性的高产巨木林的对比探讨。

　　当时的会议活动朴素而环保，会场安排在富士山麓的静冈县的一座"研修所"内，交流、展示和食宿。在去富士山垂直带观察的沿途，住宿在当地的大学宿舍中（暑假期间，学员离校），还有研究生参与会议活动的服务。

　　攀上富士山海拔3000米以上的林线与火山灰带地区，可见受灾后的冷杉枯立木站杆留存，得知是他们进行环保警示教育的一例。此后还参观了被泥石流过境残破的针阔混交林迹地，以及火山地震后的"鬼押石"公园等景观。至于对灾害派生的资源——温泉，当地人将其利用为宾馆、家居中的一项服务设施。

　　日本森林覆盖率高达67%（2012年世界银行数据），沿途针叶树扁柏中龄林密生，温性针阔混交林垂直郁闭也很高，他们重在保护而不进行间伐，对木材的需求主要通过进口来满足，这是他们对资源保护和利用途径的方略吧。

那次专业上的交流与踏查颇有收获，但行色匆匆，连对富士山也仅限于"只缘身在此山中"，更谈不上其他景点的观光了。

于是，时隔28年后的2015年，对我来说是补点富士山和观光这个岛屿当前的绿化、文化景观。

图3-132　远眺富士山

此次对富士山进行了远眺、近观、环山绕行。其滨海孤山、脱海成陆的火山地貌诚然壮观。而沿途起伏的丘陵谷地，绿绿葱葱的林分，依旧维持着林木"储存库"和景观调色板的作用。（图3-132）

此次另一个观光重点是若干座园林与寺庙结合的景观，尤其夜观"奈良东大寺"，以及朝觐京都的"金阁寺"等，对庙宇结构的古唐遗风的传承，庙堂立柱的端正伟岸，把我的思绪引向了古今中外的飘曳交织之中。（图3-133~图3-136）

图3-133　银杏古木

图3-134　苔藓附生

图3-135　树蕨附生

　　至于庙宇周围的古木花卉，有岛链地域的特有种——日本樱花，正值花期如云，也有引进我国的银杏等珍稀树种，华盖擎天。

　　而最后更令我"余音绕梁"的是白川乡合掌村的茅屋群。厚厚的草屋顶，形成了禾草小花的圃地温床，是山谷中一处自然而宁静之地，使我更加怀念我的西藏高原"小木屋"和心中圣殿式的一处处人类平和安宁的"小屋"啊。（图3-137）

图3-136　古树盘根

图3-137　白川乡合掌村草屋（摄影：汪永晨）

非洲：稀树茂草　野性天堂

肯尼亚

2011年，我进行了一次远赴非洲追寻动物大迁徙足迹之旅。肯尼亚位于"地球上美丽的伤疤"——东非大裂谷地带，这里的动物自由驰骋、规律迁徙，而我为了对比西藏高原藏羚羊的"迁徙"，专程观光体会。

这里的大裂谷地貌形态纷呈，火山的类型（死—活，火—眠等）分列各异，地表水系源流分支，湖区的水质咸淡，更有季节性雨季（11~12月，4~5月）与干季的明显交替，左右着这广阔大地上物种群落的分布和动物的生存、迁徙。

适应干热类型的豆科旋扭相思树、金合欢和大戟、仙人掌等旱性多汁物种形成的稀树草原景观，特异而苍劲，辽阔的草地季节性枯荣，呈现出生机与坚韧，提供了动物食物链的流动性"粮仓"，上演着生物大迁徙的自然大剧。（图3-138~图3-143）

当我们或乘坐着半封闭的越野车行进在原生态的土路上，或在低空巡视的热气球中，那些生物的生活习性和食物链之间的关系，一幕幕地展现在眼前，提供了观、学、悟的课堂。

图3-138　东非大裂谷景观

图3-139　纳库鲁湖畔的旋扭相思树林

图3-140　东非草原的生态土路（摄影：沈孝辉）

图3-141　稀树草原的伞形树冠

图3-142　气生根悬垂

图3-143　猴面包树

　　生物间的适者生存、相生相克，在大自然中上演着一出出严酷而规律的大剧。纳库鲁湖水中较高的盐碱度，养育了大集群的火烈鸟。而肉食性的鸟、兽视其为美餐。狮群追赶着草食性动物，并且围猎中分工明确，母狮捕猎，先供雄狮和幼狮进餐，再自食残局，延续其种群。（图144、图145）

　　在草原上数量庞大的牛羚和斑马，其配合性迁徙颇有规律，牛羚悠然于温

图3-144　纳库鲁湖上火烈鸟
（摄影：沈孝辉）

图3-145　食肉动物的食物链
（摄影：陈金华）

润气候的队列后盾，决定迁徙朝向。而斑马熟悉迁徙途径，常作"开路先锋"。

至于俗称牛羚为"角马"，实际上"角马非马、牛羚非牛"，而是"羚"——黑尾白须，羊的一种。（图3-146）

从食性上讲，斑马与牛羚的大规模集结与迁徙，护幼护伴，逐水草而行，途中越马拉河时，大群的鳄鱼的静待与争食，陆路上狮群等生物的"围追堵截"，食物链的关系在自然界中规律地、严酷地运行。

而生物迁徙还有不同的目的与类型。为此，我还曾与同行的友人交流自我感悟到的动物大迁徙的四大类型：生存迁徙、繁殖迁徙、避灾迁徙和扩展迁徙。（图3-147）

图3-146　迁徙大军在集结中
（摄影：汪永晨）

图3-147　交流迁徙类型

坦桑尼亚

继肯尼亚之旅，我们朝向赤道附近的非洲第一高峰"乞力马扎罗"而行。此行的目的有二，一是朝觐"非洲屋脊"，二是观非洲大裂谷中的"大盆"——恩格鲁恩格鲁火山盆地。（图3-148）

我们先观光了"大盆"，在经"盆底"时，只见树木星点分布，的确是"稀"，但其形多"奇"，有树干极粗的猴面包树，也有细根如髯的大榕树，以及树冠开展的旋扭相思树。

图3-148　恩戈鲁"大盆"之沿（摄影：沈健）

草被呈现块状疏生，多种鸟禽、草食性动物以及成群的大象在各自悠闲地活动，猎捕现象较少，似乎苍茫而平静。

而当攀上"盆沿"时，在沟谷处植被组分逐渐丰富，从中旱生型大戟科植物等，到茂密的温性针阔叶混交林，树干上藤萝附生、苔藓悬垂，出现了温性雨林的景观。（图3-149）

此后在敬谒乞力马扎罗山，先至山麓地带的莫西镇，观海拔5898米的基博峰英姿，也的确目睹到了冰舌退缩的情景。（图3-150~图3-153）

此行更主要的活动是攀登乞力马扎罗雪山，力争至能及的高度，但同行中青年朋友把唐老师和我这两名八十岁以上高龄者劝退了，还信誓旦旦地讲要借我慧眼，多看景观植被，以补我的专业向往。

朋友们此行不虚，拍摄了若干山地垂直带上的典型植被和独特景观，尤其使我惊喜的是山体2000~3000米，林内附生藤蔓与苔藓等茂密异常，俨然是在温湿生境下，生存的乔、灌、草、蕨组成的温性雨林的特征。与恩格鲁恩格鲁盆沿沟谷中的林分同型而更具规模。我为生物界的无论地域，只计生境，同型同宗的适应性与生命力而感佩！

图3-149　恩戈鲁大盆沿的温性雨林

图3-150　乞力马扎罗山中小径古树
（摄影：汪永晨）

图3-151　乞力马扎罗密林（摄影：沈孝辉）

图3-152　冰舌在退缩的乞力马扎罗

图3-153　马文济峰（摄影：沈孝辉）

埃及

埃及有着闻名于世的地史性景观，尤其是金字塔。其数量众多，规模庄严有序，如胡夫塔三代的金字塔，祖塔现高137米，子塔低3米，孙塔仅高66米。

金字塔的工程浩大而艰辛，每块石料高1.5米，宽2米，厚1.2~1.5米，重2.5吨以上，一座大金字塔用石料达300万立方米。（图3-154）

旅游者面对金字塔崇敬慨叹，而我面对每一块石料均感叹地史悠久，古人智慧、艰辛与血汗之结晶，而呈现的石建筑文化，其古、其宏、其经久不损，印象深刻。更对比亚洲的石佛文化和我国的内涵更丰、价值多元的诗文碑刻的石文化，在展示诗词、书法等的精髓佳作方面，真是万古绝唱，均属人类的珍稀遗产。

埃及的神庙众多，石建筑工程巨大神奇。如著名的卢克索神庙的大石柱群，每柱直径2至3米，高度23米，柱顶还有莲花状雕饰，134根巨柱矗立至今已有3000多年。其古代建筑之奠基之功真令人惊叹。（图3-155~图3-157）

至于巨大的人神石像景点众多，而更有内涵与科学智慧的是在敬谒阿布希姆贝尔巨像的过程中，右侧的偏殿内有长60米的甬道，这条甬道的尽头供奉着四位神像，每年春分、秋分之日，在凌晨6时左右，阳光直射至从右向左的三尊神像上，历时20分钟。而西侧的第四座神像，始终处于阴影中，这位塔赫神，被世人认为是阴界之神。这使我感到古先哲对宇宙空间规律性认识，季相变化及其光影原理的科学利用是如何的先知与睿智。联想到我国古先哲的若干天文地理的发现与利用发明，古今中外有多少智慧的星星闪烁在天空与大地之间啊！

图3-154　金字塔巨石

图3-155　卢克索神庙

图3-156　神庙前的方尖碑

图3-157　门农神像

埃及的狮身人面像也是一处独特的石文化古迹，在金字塔的相邻相衬下，肃然仰首而踞。其全身长74米，高20米，仅"人面"部分的大小就相当于"白宫"。这是为纪念远古的第一位国王而建，其面部鼻端被岁月的风沙侵蚀，倒也反映了历史的沧桑。（图3-158）

图3-158　金字塔与狮身人面

埃及古国在生产发展史上，有一个历史性的尼罗河（非洲河流之父，全长6650公里），从泛滥农业，到近代的阿斯旺大坝的灌溉农业，历史悠久，目前尚有零星的茅屋与草船遗迹存在。（图3-159~图3-161）

图3-159　尼罗河畔

图3-160　农田阡陌

图3-161　尼罗河"草船"
（摄影：汪永晨）

　　观光过程中，虽看到干荒大地，仅有疏草及零星中、旱生的杨树柳树棕榈丛，难以满足我寻绿的愿望。但除观光地表上著名遗址古迹外，我还做了一次地下探访——入帝王谷的一处地下陵墓，深入地层45米、长210米的甬道，曲折甚至匍匐跪爬，直至中央石棺。我还"疯狂"地乘潜艇入红海，在水下的150米附近，与艇外的鱼群对视，在水草和沉船残骸旁游弋，脑中回想起在夏威夷的太平洋海中的水下之行，思绪纷繁而悠长！（图3-162~图3-164）

图3-162　下地宫的通道

图3-163　地宫石棺

图3-164　潜入红海

四、附录与尾声

附录一　高原生态功能评价与可持续发展

一、高原生态特点与成因概述

1. 高原地域的成因

无垠的高原，地势雄奇、生态独特、类型众多。其地域成因，众所周知是源自于地史的变化与地壳的崛起。其变化过程主要为两大地质史阶段，一是喜马拉雅造山运动时期，二是青藏高原造原运动时期。喜马拉雅运动时期距今约900万到600万年，喜马拉雅山系从开始隆升到隆升盛期。此后的青藏运动，使青藏高原进入了整体隆升的阶段。

以羌塘高原为中心的西藏高原，在晚古生代以前曾长期沉没于古地中海（特提斯海）之下。三叠纪以后，在海西运动、印支运动、燕山运动等构造运动的影响下，这一地区开始缓缓隆升，自北向南逐渐脱海成陆。由喜马拉雅运动至青藏运动时的脱海成陆过程，升陆高度从1000米以上到2000米以上到3000米以上最后至4000米以上，呈现出四个鲜明的地史阶段。从而至第三纪早期，特提斯海快速消亡，海水向西退至现今的地中海。

造山与造原，互动而分域，而其中更发生了印度板块与欧亚板块强烈的碰撞，涌动着晚近地质史上最震天撼地之力。其最主要表现形式是一系列规模程度不等的断裂作用。沿雅鲁藏布江干流直至印度河一线，是两大板块碰撞的"缝合线"，发育着最长最深的断裂带。这个断裂带对于雅鲁藏布江河谷及大拐弯的形成和由此派生的高原生态环境的历史演变，更是起了决定性作用。

板块碰撞后的西藏高原、高山结合部，构造运动异常活跃，在古老褶皱带的基础上，发生了一系列新的断裂，控制着诸多大小山脉、河谷和断陷盆地的走向，造就了横断山脉和藏东"三江"水系的纵贯而流长。至于两大板块碰撞的更深远而持续的效应，是促使新生的陆块和山系不断抬升，铸就了世界上最高大、最年轻的喜马拉雅山脉和以青藏高原为中心的广域的高原。

在极为强烈的地质运动作用下的青藏高原，高踞全球，是名符其实的"高极"。在高亢辽阔的高原范围内，高于8000米的山峰有14座，其中10座位于西藏境内。雄踞全球的喜马拉雅山脉自西向东横亘于南，北南走向的横断山脉纵贯于东，苍茫的昆仑山绵延于北部羌塘，帕米尔高原居于西北隅。如此高山环列，烘托着平均海拔4500米以上的无垠的高原面。在北——南、东——西、高——低的三维空间中，总趋势是东南湿而西北干。即由南、东南经逐级抬升的高原面而至西、西北，气候由热至寒，水分状况由湿至干。在极为独特多样的三维空间中，气候、物种、植被、生态类型演绎着变幻而有规律、鲜明而又纷繁的历史进程。

2. 高原生态特点概述

就西藏高原的生态特点而言，因其所处的三维空间，一是高（高海拔，大高原），二是地处低、中纬度（北纬26°52′~36°30′），三是东西横跨（东经78°24′~99°06′）。在有高有低，有冷有热、有干有湿的范畴内，其生态特点反映在各层面和诸要素方面，突出为：独特、丰富、极致、反差。

从西藏高原的气候来看，其类型和温、光、气、水、土各生态环境要素特点极为鲜明，在西藏高原及高山峡谷地区，几乎涵括了北半球所有的气候带（高山寒带、亚高山高原寒温带、山地温带，山地暖温带、低山亚热带、低山沟谷热带）。在各气候带内，温差、极值、极温及其影响力均极独特而分异。在高寒地带，以海拔4800米的安多为例，年均温为-3℃，一月均温-15℃，而海拔1130米的低山峡谷墨脱，年均温为16.0℃，7月均温达22.2℃。

太阳辐射强是高原气候的基本特点之一。西藏高原大部分地区总辐量在140千卡/cm²·年~190千卡cm²·年之间，珠峰北坡绒布寺附近高达199.9千卡/cm²·年，接近辐射最强的北非地区。藏东南地区海拔较低，云雨量大，总辐射量不足120千卡/cm²·年，与长江中下游的一些城市相近。

西藏是我国日照时间长、日照强度大的地区之一。尤其在高原面上，降雨少、晴日多，年日照时数为2800小时以上，日照百分率在60%以上。拉萨年日照时数为3022小时，日照百分率69%，素有"日光城"之称;藏北的狮泉河年日照时数更高达3445小时，日照百分率高达78%。但在喜马拉雅南坡及藏东南等高原边缘及沟谷山地，降雨量及云雨日数较多，年日照时数较少，仅1500~2000小时，如波密年日照时数只有1492小时，介乎于上海（年日照时数1932小时）、成都（年日照时数1187小时）之间。

西藏的水分状况，由西向东，干湿的系列完整，由干旱—半干旱—半湿润—湿润。年降水量在高原西北地域从"干极"的50毫米左右→100→250→500毫米逐级递增；而在雅鲁藏布江中游地段及藏东"三江"流域年降雨量为500~700毫米；东念青唐古拉南翼、伯舒拉岭南端、中喜马拉雅南翼，年降雨量为700~1000毫米；更有高湿地区，是由于印度洋暖湿气流到达喜马拉雅山麓后，集中从雅鲁藏布江下游谷地北上，所经地域年降雨量大至1500~3000毫米。还有位于雅鲁藏布江下游出境处的地段，年降雨量高达4000~4500毫米。西藏高原的水分状况，并存着高原东南部的"湿极"和西北隅的"干极"及完整的水分变化系列，诚属独特的生态现象。

西藏高原相对湿度的分布规律，一般是年降水量400毫米以上的地区，年平均湿度50%~70%，夏季相对湿度60%~90%，冬季相对湿度30%~60%，属于大气润泽范畴。年降水量400毫米以下的高原面地段，年平均相对湿度30%~50%，夏季相对湿度40%~70%，冬季相对湿度20%~30%，属于空气干燥的地域。个别地区也有例外，如位于喜马拉雅南坡高山带的错那、帕里等地，年降水量400毫米左右，但云雾较多，故年平均相对湿度达70%，夏季相对湿度常在85%~90%，冬季相对湿度50%~60%，干燥程度明显减缓。

西藏高原的大气状况明显的特点是污染物质极少，空气澄洁度高。但是在高原面及干荒地区，紫外线强、大气含氧量低，且风沙频繁。如藏北的那曲、申扎、双湖和藏南湖盆高原西部的定日等地，年大风（≥8级）日数可达100~200天，羌塘高原及雅鲁藏布江中游局部地段，年风沙日数为10~30天。在嘎尔，历史上曾出现连续一个月的大风天气。而在高原东南部湿润至半湿润气候区范围，风沙明显减少，如林芝年大风日数为7~8天，波密仅0.9天。

在高原独特的地质历史和气候条件及植被类型的长期演替下形成的西藏土壤，具有丰富而独特的类型。藏东南和中喜马拉雅南坡海拔较低的湿润山地，发育着热带、亚热带山地土壤类型，主要有黄色砖红壤、黄色赤红壤、黄壤、黄棕壤等。

黄色砖红壤分布于典型雨林及其次生植被地段，黄色赤红壤分布于季雨林及其次生植被地段。这两类土壤富铝化作用强，生物循环快，养分不易存留。

黄壤分布于典型的亚热带常绿阔叶林及其次生植被地段。黄棕壤分布于山地亚热带—暖温带生长常绿落叶阔叶混交林、针阔混交林及铁杉林的地段。

高原东、南边缘湿润至半湿润山地温带—亚高山寒温带的土壤包括漂灰土和棕壤两大类。漂灰土主要分布于湿润亚高山寒温带上段的冷杉林及圆柏林下和湿润高山杜鹃灌丛地段，土壤呈强酸性。

棕壤的分布较为广泛，见于湿润、半湿润亚高山寒温带下段至山地温带的云杉林、松林、圆柏林、硬叶常绿阔叶林、铁杉林等多种植被地段，是西藏森林区的主要土壤类型之一，土壤呈酸性至中性。

在气候较为干燥的藏东"三江"流域河谷底部至侧坡一定范围，发育着褐土，以碳酸盐亚类为主，土壤呈中性至碱性反应，钙基层明显。

在面积广大的高原主体部分，发育着一系列独特的土壤类型。棕毡土形成于半湿润高山灌丛草甸地段，土壤呈酸性，腐殖质层较明显，有灰棕色至棕色淀积层。黑毡土和草毡土是半湿润高山草甸地带的土类。黑毡土主要形成于嵩草—杂类草草甸地段，草皮层分解程度较高。草毡土形成于嵩草草甸地段，草皮层较为紧实。

阿嘎土、巴嘎土和莎嘎土是高原半干旱气候区的代表性土壤。阿嘎土发育在雅鲁藏布江中游河谷等较为温暖的半干旱灌丛草原地段。巴嘎土系亚高山—高山草原或草甸草原地段的土类，主要分布在藏南地区。莎嘎土是藏北羌塘高原的主要土类，形成于紫花针茅高寒草原地段。

纵观西藏高原的土壤，类型众多，分布于高原高山各垂直气候带和各植被类型地段，既是长期以来气、土、生物互为作用演化的产物，也是丰富而独特的生物生存、生长的基质资源。

西藏高原的生物组分与植被类型更是种类丰富、形态多样，几乎囊括了北半球各植物区系的种群及其衍生类群。北起无垠的羌塘，南至喜马拉雅南坡的密林湿地，东侧的"三江"纵贯与西端的干荒漠野，高至世界屋脊的冰雪下限，低达山地热带的峡谷深沟，分布着草、灌、乔，热、温、凉，旱、中、湿各型的物种组合的植被类型。

在热带湿润气候区，生物组分主要由丰富的印度—马来植物区系成分和东洋界动物种类所构成。植物群落的代表性类型为典型雨林、季雨林，以季雨林为主。动物中有东洋界的代表种，如树蛙、苏门羚、小熊猫等。

在湿润亚热带气候区，生物组分具有显著的喜马拉雅山地特色，构成主要植被类型——常绿阔叶林的植物种类多为中国—喜马拉雅区系成分。大型动物除热带常见的野猪、穿山甲、猕猴等以外，还有一些喜马拉雅特有的种类，如扭角羚、长尾叶猴等。

在亚高山森林气候区，植物组分富含中国—喜马拉雅成分和青藏高原特有种类，生态特性以具有耐低温和中生型的针阔叶乔木、常绿及落叶灌木、多年生草本为主，形成暗针叶林、桧柏林、松林、硬叶常绿阔叶林、落叶阔叶林、落叶灌丛、中型叶杜鹃灌丛、亚高山草甸等植被类型。动物组分是以古北界种和特有种为主，代表种如喜马拉雅麝，滇金丝猴、藏鼠兔等。

高山（半湿润—湿润）寒带，植被以中国—喜马拉雅植物和青藏高原特有植物为骨干，生态上为耐寒、喜湿至稍耐旱的灌木和草本，主要为小叶杜鹃灌丛和丛生嵩草高寒草甸等。动物组分有盘羊、岩羊、马麝等。

高原半干旱（—干旱）气候区，具有西藏特色的旱中生至旱生灌木、草本植物构成了灌丛草原、高寒草原和荒漠化稀疏草地。高原特有的动物如藏羚、野牦牛、藏野驴、藏原羚、岩羊、黑颈鹤等生存繁衍其中。

藏东"三江"流域南端的干热河谷，其生物组分很为独特，植物中有较多的热带属，生态上为喜暖的旱生（旱中生）灌木、肉质植物和旱中生草本，植被属于亚热带旱生灌草丛。动物中有一定数量的东洋界种类，如云豹、小熊猫、称猴、苏门羚、黑熊等。

综上西藏高原生态特点的概述可见，西藏高原既有辽阔无垠的高原面，也有高耸起伏的山系水网，生态类型丰富而交错。既有生境综合状况极佳的地域，也有很为严酷、自然灾害频发的区带。在生物资源方面，既有生物多样性突出、生长极佳的群落，也有物种贫乏荒疏的地带。总之，高原生态的多样是地史演化的反映，也有很多可供利用的独特的自然资源。但高原生态也是影响面广、人力难以制控的天象系统，是高原生态学需要长期深入探索的宏大命题。

二、高原生态研究体系的诞生与进展

我国的生态学作为一门独具体系的学科，仅约半个多世纪的历史。在学科进展中，逐步分支为几大方面（陆地、水系、植物、动物等），近二三十年来，分支大为发展，直至人文、社会、经济等达数十门类。而在陆地生态系统中，一片独特的以高原范畴为研究对象的分支尚未兴建。

20世纪70年代末，时代的需要赋予我援藏教学科研的任务。其时，我更得知国外有关专业机构期望在西藏高原建立生态研究机构，但未获我国同意。我当时似乎感到冥冥之中高原在召唤我，事业需要我，自感责无旁贷。因此，在援藏教学起始，就致力于高原生态研究领域与高原生态研究机构的建立。历经8年边致力于资源本底调查，边呼吁、筹建，终于创建了以研究高原地域为对象的生态学的分支学科——高原生态。同时，在各级领导、各界志士的鼎力相助下，于1985年建立了西藏高原生态研究所。

回顾本人从事高原生态研究的历程，前18年以资源考察、定位设置和创建研究机构与领域为主，仅可算是揭幕、鸣奏、奠基；此后则以展示宣传西藏高原生态特色与优势为"己任"，并从事大高原的对比考察以及五洲点线观光对比。

在前期的考察阶段，我和所内外的专业同行对西藏高原的生态环境、生物资源进行了力所能及的探索：

1. 高原植被考察

我们横穿西藏东缘—西疆，南临喜马拉雅南侧边界，北上羌塘高原，低至雅鲁藏布江下游墨脱南界，上达珠峰大本营。考察了西藏高原的藏东南林区、喜马拉雅南坡林区、藏东"三江"流域林区以及藏西、藏北的草原植被类型，跋涉于峡谷、河谷、山源、湿地，野外考察行程达13万余公里，收集了各主要的垂直植被气候带的林分、群落、组分，分布、生长、生物量等方面的资料，为揭示西藏高原生物资源的优势及其成因提供了现实的依据。

2. 生物组分的生长与质量分析

在考察过程中，我们发现了在优异的高原生态环境下生长着多处高蓄积量林分和独特的古树异木，如岗乡的高蓄积量林芝云杉林、察隅的高蓄积量云南松林等。至于西藏的古树异木在很多沟谷地区常有发现，既有针叶树云杉、铁杉、华山松等，也有阔叶树高山栎、桑树等，甚至一些灌木（西藏卫矛、纤齿枸骨、沙棘等）也能长至小、中乔木。而雅鲁藏布江柏木古树更是可以与美国红杉、我国台湾阿里山的红桧同属于"世界爷"级的古木。

我们还在"变废为宝"、合理开发生物资源方面进行探索试验，如高山松松脂，沙棘、野桃以及一些菌类的食用成分分析，进一步反映西藏高原生态环境的独特优异在生物资源质量方面的体现。

3. 高原生态定位观测

我们在对西藏高原生物资源——森林、植被考察的同时，计划对高原生态环境及其要素进行定位观测。1978年开始，进行了尼洋河、色季拉山几处的半定位观测，1981年被国家林业局立题，1985年进行季节性定位及长年定位观测点的设置。我们在河谷、山体，尤其是在色季拉东、西坡的不同海拔带设置对应的观测点，为分析生境与森林组分、分布、生长的关系，从事生态气候要素的观测，同时也为相应地段的农牧林生产布局及产量预测提供依据。

高原生态定位点设置的"鼎盛"时期，共有12个定位点。高原生态所内较为正规的逐日计时观测，反映海拔3000米的尼羊河三角洲农牧林综合生态发展区的生态状况与生物分析。附近南山两处逐日观测点，反映尼羊河支沟坡面、海拔3200米段，半阴坡云杉成熟林与阳坡高山松中幼林的生态状况。

我们还在色季拉东西坡设置了半定位（季节性）生态观测点。分别于东、西坡海拔3000米，3500米，4000米的林内设点，并在3500米段进行林分与采伐迹地生态对比观测，更于色季拉东坡下段2500米处针阔混交林中加设定位点。这样，色季拉山体的9个定位点，反映海拔梯度对林分组成结构、生长之间的影响和系统内物能循环的季节性过程。

定位观测是分析生物与非生物环境之间关系的基础工作，是由定性观察到准确的定量分析的必须，但也是一项"简单枯燥"的工作，尤其在高原地区，我们曾经历过各种难以想象的险情，有"泰山崩于前"的近在咫尺的大塌坡，东2500米的定位站被毁于一旦；有目睹险路车毁人亡的情景；也有爬冰坡、过沼泽等经历。因之，色季拉的梯度定位观测仅坚持了四年。

可喜的是，此后色季拉的生态定位站得到了调整与持续，集中于色季拉东坡3800米处，设置了固定的定位站，进行暗针叶林带长期、逐日、多项的观测。这既是对高原生态环境要素的细致观测分析，也是我长期以来心愿的体现。

4. 合理开发与资源保护的探求

我们呼吁开创了高原生态研究领域，抱着以"天下"为己任的态度在高原生态的研究中艰难跋涉着，进行着各生态系统、植被类型的考察和生态定位观测，对高原生态的特异与优越、高原生物资源的数、质量优势探索与揭示。在此基础上，我们进一步为合理开发与资源保护而竭力。

我们深感西藏高原蕴宝藏珍、孑遗物种、珍稀物种以及生态效益甚高的物种，从种质、群落、林分的角度均该予以足够的珍视与切实的保护。因而，我们通过撰文、图片、呼吁等方式，期望引起各界尤其决策层的重视。如岗乡高蓄积量林分、巴吉乡巨柏林、东久沟高山松中龄林、巴松错湖区、墨脱小果紫薇林以及多种古树巨木、珍稀花药，提出了以点、块、片的相应范畴建立自然保护区，将我们的研究成果体现在对西藏高原自然资源的关爱与保护中。值得欣慰的是，我们的这些建议得到了重视、接纳与较大程度的落实。

5. 高原生态有关理念的探讨

我们在孜孜以求的实践过程中，思维和理念得到了激活与升华，体会到揭示高原生态环境与生物资源的优势是关爱西藏的一个方面，而更重要的在于对高原生态广域的、严酷的影响，有清醒的认知和切实的保护。为此，我们对高原生态有关理论的探讨做了一些深思：

如对珍稀濒危物种界定的探讨和保护实施的建议。对高原生态系统的分类及高原生态分区，提出了冰、水、草、林四大生态系统及其子系统的宏观概括。至于高原地域分区，划分了5大自然区——藏北高原区，藏中藏南高原河谷区，中喜马拉雅高山峡谷区，东喜马拉雅高山峡谷河谷区，藏东"三江"流域峡谷干热河谷区。更对生态脆弱区的概念、范畴（高、寒、干、荒、风、沙、陡）及其指标提出了现实的依据。

近年来，还提出了"大高原"范畴、生态功能及生态对比的思维。以青藏高原为主体、西南高原、黄土、内蒙古高原为整体的三级大台阶的中国高原生态系统的理念，期望对我国的西部开发通过对比考察，反映现实、提出警示、献计献策、共保共建。

三、高原生态功能评价

1. 整体性的高态势功能

西藏高原以巨大的高原面及其中的高峰雪岭，形成了整体性的、高屋建瓴的生态系统。在大气圈层的对流层中，占有三分之二的高度，突兀仡立。因而，在一定程度上加强了大气环流和大范围的水汽凝结作用，影响了亚洲西南季风的发生和力度。而整体性的高原"热岛效应"对周边地区，尤其东南亚一带辐射着热能，阻隔了寒流，聚集了水汽，左右了区域性的气候类型。

西藏高原山体具有显著的生态屏障功能，由北向南数列东西走向的、高7000余米的巨大山系起着削减南下的西伯利亚寒潮的屏障作用、同时承接着北上的暖湿气流。如绵亘的喜马拉雅山系南侧，拥有吉隆、樟木、亚东、错那等温润沟谷，是蕴育多样的物种、生长茂密的林木的优越之处。而位于雅鲁藏布江下游的墨脱林区，在南加巴瓦峰和加拉白垒峰的拥绕下，生态屏障功能更为突出。印度洋暖湿气流沿沟谷通道北上，把山地热带的北缘上移至北纬29°30′，实属地域性独特的生态现象。

高态势的功能更反映在水位比降的动态和流量方面。雪岭冰川和季风体系使西藏高原成为我国和东南亚诸大水系之源。在西藏的各大山体和高原面的顶部，冰雪覆盖，冰川水系长流，形成了高山流水，"天池水塔"的位能，冰雪融水汇成了雅鲁藏布江、金沙江、澜沧江、怒江等水系，使各流域范围河湖网布，径流活跃。

著名的雅鲁藏布江是西藏最大的河流，发源于杰马央宗冰川，源头海拔5590米，境内流长2057公里，水能蕴藏量为1亿千瓦，占青藏高原水能蕴藏量的38%。年径流总量1395亿立方米，仅次于长江，居我国第二位。水系沿途经沼泽、润草原、穿峡谷，由辫状支流而大拐弯急流，湍流而下至墨脱海拔600米左右处出境，水系落差高达5000米。

"三江"并列于西藏东缘，北南纵贯，其源头均起于唐古拉山系海拔5000

米左右的冰雪高寒草地。在藏境内，流程均为500公里以上，"三江"下游涉及我国长江流域和东南亚的湄公河三角洲地区。至于西藏高原面的内流水系与湖泊，其成因也是以冰川给水为主。在藏北地区，湖泊众多，被称之为千湖之域，均属内流湖，以咸水湖和盐湖为主。综上可见，冰雪高原乃众水之源，水势位能为流水之动力，形成了西藏高原河流湖泊的各水体生态系统，润泽境内，荫及邻邦。

2. 地表层物、能功效

西藏高原的近地表层（含地下浅层）在地势抬升的直接影响及水系袭夺切割的作用下，具有各式地貌类型，既有冰峰、冰谷、冰川，也有高原、高山、盆地；既有河谷、浅滩、阶地，也有峡谷、深沟、峭壁，形成了多样而独特的生态类型，提供了包括寒、温、热气候带的生物组分之生存空间。

更为突出的是西藏高原的地壳表层，在高原强大的内应力运动下，经受了强褶皱、大断裂、深变质的过程。因而地形极为复杂多变，形成了范围大小不等的独特的生态龛位，使宏大的高原山体中呈现出众多的生态"孤岛"，给地史发展进程中孑遗的一些物种提供了"避难所"。所以，西藏高原物种中包含有多种古老孑遗和特有珍稀物种。如亚高山硬叶常绿的高山栎，远在第三纪就广泛分布于西藏南部，与地中海区系亲缘相连，属于高原隆升、古海西退的遗留物种分化演变的产物，现分布于喜马拉雅山南坡，在一些地段为建群种和组成次生群落。

位于雅鲁藏布江下游的墨脱，更受峡谷暖流的影响，使喜湿热的印度—马来区系的物种扩展分布，更有在特定地域内演化发育成的若干特有种。我们按照对珍稀濒危植物的价值、作用、分布、数量消长等方面广义来看，墨脱的珍稀植物可列为261种和变种，而其中有50%是墨脱的特有种。

西藏高原多样而特异的生态类型不但使丰富的物种生存、分布，呈带成层，而且在综合生境优越处显示出优异的生长效能。如藏东南波密茂密的高蓄积量云杉林，一公顷蓄积量高达3831立方米，是罕见的高生物量林分。也有一公顷蓄积量2400余立方米的华山松林、1500余立方米的高山松林和巨柏琉林等。更有很多古树巨木，有树高71米、胸径2.3米的林芝云杉，树高45米、胸径2.7米的云南铁杉，树高51米、胸径1.3米的小果紫薇等，均是西藏林区的珍宝，是西藏高原大地生态功能的产物。

西藏独特的地质历史在形成高原及其生态环境的同时，亦造就了丰富而独特的地下矿产资源。目前已发现矿产90多种，已探明储量的有30多种。在板块汇聚带之间相对稳定的沉积盆地中，形成了油田和天然气田，羌塘盆地含油田总面积达10万平方千米，油气前景良好。

较大规模的地热活动，也多与板块碰撞有关，板块碰撞以来形成了沿藏南谷地两侧分布的地热带。西藏境内地热显示点有600多处，地热能蕴藏量居全国第一。羊八井地热田是我国最大的地热田，每秒天然热流量11万千卡，全年放热相当于燃烧47万吨煤，发电潜力达15万千瓦，并已建成装机容量1万千瓦的地热发电站，并正在发展中。地热还在局部改变了生态系统的分布和参与了盐湖的形成。羌塘　高原北部自隆升以来经历旱化的时间较长，逐步形成了数量可观的盐湖（约200个），其中除普通盐类（氯化钠、芒硝等），还蕴藏着硼盐、钾盐等特殊盐类，锂盐的储量居世界前列，是西藏高原的又一宝贵资源。

综上简述，从西藏高原的天（冰雪高山、日照光能）、地（地表、地下）、生物、水系等方面可见，西藏高原的生态功能与影响范围，既有区域性也有全局（全国、东南亚以至全球）性，既有现实性也有潜在的持续性，是全球范围内唯一重大的生态功能区和生态制高点。

3. 西藏高原生态脆弱区的负面效应

西藏高原生态状况，具有总体的独特性，局部的优异性，但却有较大范围的脆弱性。所谓生态脆弱是指在一定的地域内，生态稳定性差，生物生存要素缺乏，环境的逆向演替趋势显著而恢复能力低，对自然灾害和人为干扰敏感而抗逆性不强。

西藏高原的生态脆弱区主要指高、寒、干、荒、风、沙、陡的地域，其所占的面积约为全区面积的3/5~4/5，是不能掉以轻心而应重在保护恢复、谨慎从事的范畴。

西藏高原的生态脆弱区，根据区域实际，考虑其量化的指标为：

高——海拔3500米以上的地带；

寒——年均温0℃以下，7月均温10℃以下的地区（带）；

干——年降水量250毫米以下地区（带）；

荒——草被盖度50%以下，或灌丛盖度25%以下，或区域内森林覆盖率5%以下，以及砾石滩、沼泽等地区；

风——年大风（≥8级）日数在80天以上；

沙——沙化面积占区段面积的50%以上，植被覆盖度在30%以下；

陡——坡度40°以上的山坡地段。

西藏高原的生态脆弱区，人烟稀少、生境严酷、自然灾害频繁、生态负面功能显著。我们曾多次亲身经历高原的各种自然灾害。受阻于茫茫的雪灾大地，面临飞泻而下的雪崩，目睹泥石流、大塌方毁林断桥、浊浪滔滔。切身体会到生态脆弱区的保护至关重要。应明令禁止在生态脆弱区范围内的一切破坏行为，以防脆弱区继续恶化、扩大负面影响。

四、高原生态与区域可持续发展

可持续发展是"放之四海而皆准"的自然与社会发展目标，而不同的区域与系统如何得以实现，则应深刻剖析实际、扎实科学而行。对于西藏高原来说，可持续发展在于发挥自身生态优势，减少生态负面影响，合理利用生态资源，协同社会各业进展。

在剖析区域实际时，对自然生态状况，应从生态资产的评估、生态功能的开发与管理、生态脆弱区的分级与调控、退化生态系统的恢复与重建等方面着手，以切实地掌握西藏高原的生态优势及其影响力，同时对生态问题的产生、体现及发展趋向有个清醒的预警。

1. 西藏高原可持续发展的生态保障

从我们对西藏高原的特点与功能分析，可持续发展的生态环境与生物资源是具备相当条件的。西藏高原的生态环境要素是特殊而高效的资源，西藏的生物资源在多样性与物种演化方面的科学价值及合理利用均有其独特性。因而对高原地域内可持续发展的规划与实施应根据生态分区与生态系统、生态类型的实际，遵循自然规律、适度开发利用，以发挥高原生态环境要素与生物资源的生态保障功能。

从生态学的原理出发，不同的资源类别应有不同的利用原则。西藏高原生态环境要素中太阳能、风、水等，属于丰富、恒定、空耗、无污染的优势能源，应创造条件，充分利用、发挥其高效、节能（替代其他生物、矿产等）作用。生物资源中的"副产品"——果实、树脂、采伐剩余物、草本的地上部分、菌类等，属于循环消长、可更新、不用则废的资源，应尽量采收利用，变废为宝。而生物资源中的森林（尤其是木材部分）和草场，虽属于可更新资源，但若利用过度、造成退化、难以恢复，则应保护与适度的利用。至于不可更新的资源，如各类矿产、地热等应视设备与技术条件及资源储量，确定开发利用的规模，使保护生态环境与开发资源并重兼顾。

2. 西藏高原生态问题的负面影响

西藏高原的生态功能虽然有独特而极优的方面，但地域局限。而西藏高原的生态问题实际上是广域的、严酷的、影响深远的，与全球的生态问题既有共性也有特异性。当今全球的生态问题主要体现在自然因素为主的暖化、旱化、沙化及以人为干扰为主的生物多样性削减、环境污染严重、资源匮乏、生态系统退化、自然灾害加剧等方面。而西藏高原基本上不存在温室效应和环境污染问题，但是西藏高原同样存在着严重的气候旱化、土地退化、沙化、荒漠化，森林资源、生物多样性和草场减退，水土流失，洪涝灾害等生态问题。而且西藏高原更有冰川消融退缩、雪崩雪灾、湖泊旱化、矿化与盐碱化、山体滑坡泥石流等高原山地区域性的生态灾害。

这些生态问题既是影响区内可持续发展的负面因素，也波及南缘外流水系下游的东南亚邻邦和藏东缘的邻省以及我国东部范畴以远。生态问题的负面效应中，属于自然性发生与发展的因索，非人力所能干预，但由于人为作用而加剧的方面，则是社会性的问题，应从认识上警觉，行为上改善，以争取区域性可持续发展的实现。

3. 高原生态研究的使命

对于从事高原生态研究的工作者来说，探索与揭示高原生态功能、学习与遵循高原生态规律、珍视与保护高原生态系统，是高原生态事业赋予我们的使命。

期望关注：我国以西藏为中心的青藏高原及其宏观系统，可说是21世纪全球重大研究热点之一。在对全球变化的研究中，青藏高原被视为监测与反映全球气候变化的制高点与敏感指示器，如全球变暖与旱化，污染质的全球扩散，臭氧空洞的分布与扩展，青藏高原的隆升与季风区的气候格局、降水分布、旱涝程度，高原生物演化的进程与环境的关系等课题。各国相关学科均在深入探讨之中。对于这些重大命题，我们应该了解信息，关注课题的动向与进展。

参与：高原生态研究虽然是以自然生态为主，但其研究内容与成果是服务社会、促进区域性经济发展的实践学科，而绝非"不食人间烟火"的纯自然科学，也不是一味反对资源开发的"批判"学科，而应该积极参与西藏有关的经济发展、资源合理利用的规划与实施，为区域性可持续发展与生态保护兼顾互补而献计献策。

科普：本人从事西藏高原生态研究20余年来，由考察型、定位型、开发型至理念升华阶段，对高原生态的成因与演变，特点与优势，效应的正负、资源的开发与保护，生态脆弱区的划分与指标等进行了力所能及的学习、探索、研究，同时更深切地体会到应该热忱地向社会各界进行展示与教育，呼吁共同珍视、保护与合理开发西藏高原独特的生态与生物资源，是高原生态工作者应尽的社会职责。

但是西藏高原的命题博大精深，研究工作可以说仅仅初见端倪。对于从事高原生态研究工作的人来说，在工作过程中，应重视梯度、组分、类型、系统、合理开发与保护的研究，遵循生态规律地实践实干。而当前更需重点从事生态脆弱区的保护与恢复的研究，对脆弱区的类型、脆弱程度级次、退化的导因与方式、恢复的机理与措施等切实地认知，参与恢复以至重建，让西藏高原大地更多地勃发生机，展示高原生态特色与优势，以荫及四方，影响广域。

2005年7月

注：

1．本文是为高原生态学科创建三十年纪而作。衷心期盼的是：高原生态功能被得到较为广泛的认知与珍视。2007年为西藏农牧学院广大学子做了讲座。文稿留存在藏。

2．文中有关专业考察资料，除本所历年的实地调查整理分析外，同时学习参照相关学科数十年来的专业成果，谨此致谢！

2018年岁末

附录二　考察行踪域名

省区		昔日林区	今日保护区
（一）东北	黑龙江	1. 带岭林区 2. 镜泊湖林区	1. 凉水国家级自然保护区 2. 镜泊湖国家森林公园
	吉林	1. 长白山林区 2. 帽儿山林区	1. 长白山国家级自然保护区 2. 长白山北坡国家森林公园——长白山天池 / 联合国教科文组织"世界生物圈保护区" 3. 帽儿山国家森林公园
（二）华东	山东	1. 昆嵛山林区 2. 崂山林区	1. 昆嵛山国家森林公园 2. 崂山国家森林公园
	江苏	1. 紫金山林区 2. 老山林区 3. 云台山林区 4. 宜溧山区林区 5. 苏北黄河故道林区 6. 沿海防护林区 7. 沙家浜林区 8. 宜兴林区 9. 宝华山林区	1. 紫金山国家森林公园——紫金山 / "世界文化遗产" 2. 老山国家森林公园 3. 云台山国家森林公园 4. 天目湖国家森林公园——天目山 / 联合国教科文组织"世界生物圈保护区" 5. 黄河故道国家森林公园（商丘） 6. 盐城东台黄海海滨国家森林公园 7. 虞山国家森林公园（沙家浜） 8. 宜兴国家森林公园 9. 宝华山国家森林公园
	浙江	1. 天目山林区 2. 莫干山林区 3. 建德林区 4. 富阳林区 5. 奉化林区 6. 天台山林区	1. 天目山国家级自然保护区 2. 莫干山国家重点风景名胜区 3. 富春江国家森林公园 4. 富阳黄公望森林公园 5. 奉化黄贤森林公园 6. 天台山华顶国家森林公园
	安徽	1. 琅琊山林区 2. 黄山林区	1. 琅琊山国家森林公园 2. 黄山国家森林公园——黄山 / 世界文化与自然双重遗产

省区		昔日林区	今日保护区
（二）华东	江西	1．庐山林区 2．井冈山林区 3．大茅山林区	1．庐山山南国家森林公园 2．井冈山国家级自然保护区——井冈山／联合国教科文组织"世界生物圈保护区" 3．江西大茅山风景区
	福建	1．洋口林区 2．莱州林区 3．莘口林区 4．漳州林区 5．武夷山林区	1．万木林自然保护区（洋口） 2．暂无 3．福建林学院莘口教学林场 4．天柱山国家森林公园（漳州） 5．武夷山国家森林公园——武夷山／联合国教科文组织"世界生物圈保护区"／世界文化与自然双重遗产
	台湾	1．阿里山林区 2．日月潭林区	1．阿里山森林公园 2．日月潭风景区
（三）华南	湖南	1．衡山林区 2．株亭林区 3．索溪峪林区	1．衡山国家森林公园（申报中） 2．暂无 3．索溪峪自然保护区
	广东	1．鼎湖山林区 2．雷州林区	1．鼎湖山国家自然保护区——鼎湖山／联合国教科文组织"世界生物圈保护区" 2．暂无
	广西	1．融江林区 2．大苗山林区	1．暂无 2．九万山国家级自然保护区
	海南	尖峰岭林区	尖峰岭国家森林公园
（四）西北	陕西	秦岭林区	秦岭自然保护区
	青海	1．高山草甸定位站 2．共和林区	1．暂无 2．暂无
	新疆	1．天山林区 2．伊犁林区	1．西天山国家级自然保护区——天山／"世界自然遗产"天山天池／博格达"世界生物圈保护区" 2．伊犁

续表

省区		昔日林区	今日保护区
（五）西南	云南	1. 中甸林区 2. 楚雄林区 3. 景东林区 4. 西双版纳林区 5. 南盘江林区 6. 思茅林区 7. 高黎贡林区	1. 香格里拉普达措国家公园 2. 哀牢山国家级自然保护区 3. 无量山国家级自然保护区 4. 西双版纳国家级自然保护区 5. 暂无 6. 暂无 7. 高黎贡山国家级自然保护区
	贵州	梵净山林区	梵净山国家级自然保护区
	四川	1. 峨眉山林区 2. 卧龙林区 3. 大安山林区	1. 峨眉山风景区 2. 卧龙国家级自然保护区 3. 暂无
（六）西藏	（一）藏东南16林区	察隅、墨脱、雅鲁藏布大拐弯、波密岗乡、波密大兴、林芝、鲁朗、更张、南伊、帕松、易贡、通麦、东久、色季拉、类乌齐、昌都	巴松措国家森林公园 易贡国家地质公园 波密岗乡自然保护区 墨脱国家级自然保护区 雅鲁藏布大峡谷国家级自然保护区 察隅县慈巴沟国家级自然保护区
	（二）藏南4林区	吉隆 樟木 亚东 错那	珠穆朗玛峰国家级自然保护区（吉隆）
	（三）藏北羌塘	羌塘草原 热振寺古柏林	羌塘国家级自然保护区 札达土林国家地质公园

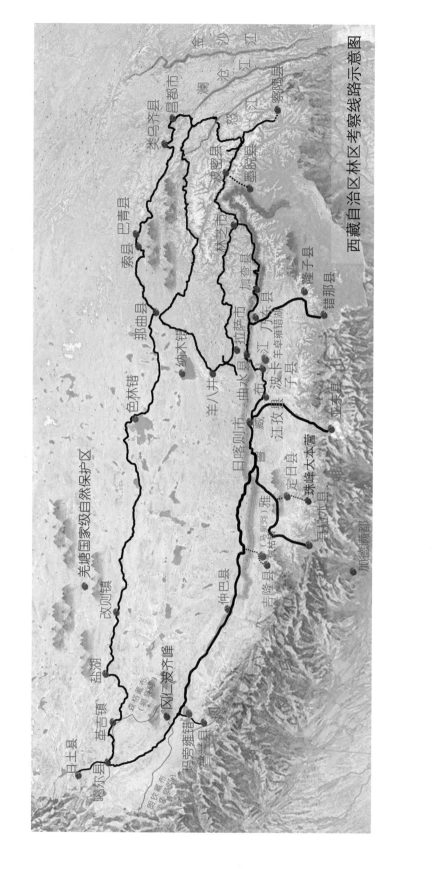

西藏自治区林区考察线路示意图

附录三　1980年代以前，西藏植被研究与林区考察的诸君（根据《西藏植物志》整理）

1980年代以前，西藏植被研究与林区考察的先辈同行诸君

根据《西藏植物志》整理：

1．公元753年前后，西藏藏医编著《四部医典》，其中记载植物药209种

2．公元1830～1832年，藏族喇嘛仁增嘉措，在山南一带采集植物标本

3．公元1840年，旦增平措编著《晶珠本草》，收入植物药774种

*1847年，英国著名植物学家小胡克（达尔文的好友），在历时4年的印度考察中，曾冒险抵达西藏

*1902年，Hemsley出版了《西藏（亚洲高地）植物志》

4．1930年代，植物学家刘慎谔，考察青藏高原，并出版《中国北部及西部北部植物地理概论》

5．1951年，崔友文（考察昌都）、钟补求（考察"定结—亚东"沿线）、贾慎修，进藏考察

6．1959年，王新光、梁崇志，进藏考察

7．1960年，武素功、吕春潮，考察了察隅县察瓦龙

8．1960～1961年，傅国勋、王金亭、张经纬，在波密、拉萨、索县、错那、亚东考察

9．1963年，杨金祥，在安多、那曲一带考察

10．1965～1966年，张永田、郎楷永，在波密、聂拉木、樟木、珠峰绒布寺，以及拉萨—达孜沿线进行考察

11．1966年，应俊生、洪德元，以及王金亭、张经纬，在波密古乡、易贡；姜述、赵从福，在拉萨—聂拉木沿线考察

12．1968年，郎楷永、陈健斌在珠峰考察

13．1972年，王金亭、郎楷永、马成功、鲍显诚、张盍曾、杨永昌、黄荣福、杜庆等，在拉萨、日喀则地区各县考察

14．1973年开始，"青藏高原综合科学考察队"，对西藏进行了大规模的综合考察，其路线西至狮泉河的什布奇，南达墨脱，北至昆仑山的喀拉木伦山口。其中关于植物学的考察，包括：

——1973年，武素功、倪志诚

——1974年，郎楷永、陈书坤、何关福、程述志、顾立民、南勇、陶德定、臧穆、洛桑西挠、肖永会等

——1975年，倪志诚、武素功、郎楷永

——1976年，倪志诚、武素功、郎楷永、黄荣福、陶德定、尹文清、苏志云

——1975~1976年，吴征镒、陈书坤、杜庆、臧穆、杨崇仁、管开云等

15．1973年开始，"中国科学院西北高原生物研究所"与"中国医学科学院药物研究所"，以及"四川灌县林校"等科研教学机构，也对西藏进行了考察，包括：

——郭本兆、潘锦堂、刘尚武、周立华、王为义、徐朗等，出版《西藏阿里地区植物区系》

——肖培根、夏光成，在察隅、林芝、波密等地考察

——易同培，两次墨脱考察

尾声　2018年仲秋西行补录

2018年，我重归西藏高原小木屋之心愿是："三个四十年高原纪"。

一是1978年开始，援藏教研；二是高原生态研究领域的揭幕、鸣奏与创建；三是宗英姐与我的科—艺小木屋情缘。如此三大内容，在时间上几近我人生之半。在内涵上，导向了我人生之途。焉能不纪？而且等不到"五十年"了！于是坚定地、悄悄地整装而行。

"三个四十年高原纪"（一）北京—西藏的"中转站"—成都

由京出发时也甚有意味：儿子既送我赴藏，随即又带学生赴疆。途中雨友（小雨、中雨、骤强之雨）一路相伴至机场！

而在西藏的"中转站"——成都，内容也温馨而丰富。这个"中转站"对我们进出西藏的朋友们，是真正的"中转"。仅在我的四十年往返，就几乎每次在此"中转"，有航飞的，更有川藏长途车行的，沿途的经历至今还历历在目！

此次女儿远道而来，在成都与我会合一起"中转"，既伴我前阶段的藏东南林区行，又实现了她数年高原生态所工作的回访。

在成都短短的三天，一些衷心期盼的心愿完满实现。

会见与欢聚了老友、老同事、老学生（多已退休），尤其专程寻迹、拜访了昔日的年逾九十的老领导汪书记！难忘于书记深情。在当日于高原生态所内，范老师和我为高山松脂成分测定观察一昼夜，至仲夜12点回宿舍时，他特地熬一锅粥等候我们，亲手送至！那种高原情、同道情、干群情，真是暖到了我的心底深处，终生不忘！（图4-1、图4-2）

图4-1　探望老领导

图4-2　师生欢叙

"三个四十年高原纪"（二）林芝-学院-水杉

甫下林芝机场，一路热情而暖心！小郑（副院长）接机，至院、所后，各"小某某"相迎。昔日的"小"，今日都"老"到要申请退休了。我均以"小……"呼之。他们愉悦地似乎都回到往昔的青春期。而且借机相互称"小"，笑声一片！我还故作"训斥"他们，"狗大的年纪"，不准忙退休，要为高原生态再干5～10年。哈哈！师生之情，老而弥新！（图4-3）

学院书记、院长与我进行了诚挚的交谈。我已计划将有关西藏考察研究的全部资料捐赠予院所档案馆。（图4-4）

学院内更使我感激、感慨与钟情的是，我于1985年抱苗进藏的孑遗树种水杉已是35年的"青年才俊"（竿材林）了！感谢学院建设时特意保护，使其郁郁葱葱，挺拔飘逸，似乎已高出学院的一般树木，在高原"安家落户"了！（图4-5、图4-6）

图4-3　"归家"林芝

图4-4　亲切会晤

图4-5　抱苗进藏

图4-6　活化石水杉

"三个四十年高原纪"（三）西藏高原生态所（高原小木屋）的今昔与前景

　　我怀着复杂的心情，步入学院对面的生态所。首先想到的是高原生态研究领域的意义和作用，长期以来未能被国内外以及本区所重视。而个人在1977～1978年得知国外某机构申请在藏建立定位观测机构，我国领导未予同意的信息，就仿佛国家希望本国的科学界应自我承担。

　　而我是搞生态专业的，1978年得知有援藏任务时，似乎天降大任，使我这个生态工作者既援藏教学，更担当寻宝探珍、创建高原生态研究领域之责。怀此目的，历经八年，埋头调查本底，抬头吁请揭幕。

　　至1985年我正式调进西藏，并经西藏自治区人民政府批准成立西藏高原生态研究所。其中，作家黄宗英与我共同奔走呼吁，动心动情，功莫大焉！

　　四十年过去，我站在生态所大门前，被所牌的书法所吸引。那是1985年我赴京与会时，专程至全国人大请周谷城老先生的墨宝，告以将在海拔3000米藏东南永驻。结果翌日就通知我去取，我真是如获至宝！而且也真是"永驻"了！（图4-7）

图4-7　高原生态所铭牌

图4-8 "所树"巨柏

图4-9 "微型"小木屋

　　所内虽寂静，但1986年，我和学生亲自采种育苗的雅鲁藏布柏木，已高大耸列于道旁，更被命名为"所树"。所花则是"大花黄牡丹"。小木屋的形象，在地面、在梦中、在心上！甚至连废纸箱也是袖珍的苔藓绿覆盖着的小小木屋！（图4-8、图4-9）

　　而据说学院已申报扩建高原生态研究楼，将小木屋作为标志，也作为接待室展示于楼前。至于科研人员，在分支学科与内、外业结合方面都将在质与量上扩展。高原生态制高点的作用，将不断探析与展示！此祝此祷！

"三个四十年高原纪"（四）岗乡-高蓄积量林芝云杉林-温性雨林-大卡湖（草湖）

　　这是我第九次探访故地"老友"，所见既熟悉又新鲜！那又年长了三十多岁的林木飘忽在"柔曼的轻纱"中，更有悬垂的松萝和附生的苔藓构成了立体的绿墙、花毯！

　　我更回想起在澳大利亚的塔斯马尼亚小岛上的温性雨林。我们的岗乡高蓄积量林芝云杉林，不仅是天涯异地同型，而且林分整齐矗立，一公顷蓄积量之高，可称得上是全球之首！（图4-10）

　　昔日的大卡湖草场宽阔如茵，而今浅水沼泽地域扩展，更显得天蓝、水碧、倒影成双、幻化多姿、美不胜收！我简直要醉倒了。真想盖一座"小木

图4-10　感激与感慨

图4-11　九返岗乡

屋"，在此终老！（图4-11）

　　至于临时住所也早有了，就是我们过去考察时避雨、还夜宿过的石壁，实际是一个硕大的冰川漂砾。这次相见，分外亲切。同行朋友们就戏称是徐老师在岗乡的"行宫"！

"三个四十年高原纪"（五）藏东南一线

　　当四十年前首次进藏时，越"三江"，过"九十九道拐"，进八宿"老虎咀"。真是巉崖峭壁，而今已是断续的廊桥了！（图4-12）

　　记得那时翌日清晨，出门一观，真有"跌入"绿海之感，那就进入了藏东南林区了！

　　此后数十次长短途、沟坡地的考察、探宝，察隅沟口、然乌湖滨、波密谷地、通麦"天险"、易贡湖盆、东久幽谷，直至鲁朗林海……那就由色季拉山的东坡峡谷区进入西坡尼洋河宽谷区了。雅鲁藏布柏木古树和光核桃、柳树林等把我们

图4-12　飞瀑洗尘

图4-13　生态定位站

图4-14　分享知识

带到了林芝这风光旖旎的三角洲，也就是到达了我初期的援藏地——西藏农牧学院，和创建的西藏高原生态研究所（被爱称为高原小木屋），我的第二故乡！（图4-13）

"三个四十年高原纪"（六）主题报告　交流传道

　　进院、所"家门"后，蒙领导理解，首先安排人车陪同，赴藏东南我所心驰神往的岗乡等地巡访。

　　返回后，学生已回校，新学期开始。安排我报告交流，这正是我此次进藏的宗旨：传播为高原生态揭幕四十年的启示、初衷。从"小木屋之梦"到高原生态所的创建，直至近年来，更加意识到高原生态制高点的全球统领地位，其价值非凡，任重道远！当然要交流传道，使众多青年才俊持续深入探索……

　　于是对院、系、所的青年学子作了四次交流，还接受了一次深度采访。心愿——衷心的期盼总算尽情地展示了！（图4-14）

　　但了又未了，还要"扩展"。故虽依依惜别，还是西行向高而去。

"三个四十年高原纪"（七）林-拉之行，收获意外

　　四十年前的一天半路程，如今4～5小时的高速公路。从以往的渐高、渐苍、渐荒，到如今的绿意浓淡、生机盎然。甚至在5000米左右的米拉山口，也是草原、草甸，凉润怡人了！（图4-15）

　　而且愈近拉萨，灌丛、柳林、农田成片。城市的行道树荫蔽行人，仿佛行

走在中原的城市。而这里近有藏民族服饰着色，远有布达拉宫耸立，景色独特而豪放！我既拜访了科技厅睿智的领导，交谈高原生态与景观资源的价值与保护，又为林业厅的中、青年才俊交流了高原生态与林业资源的珍稀特异，还蒙好友盛情，请我来了一次直升机巡视拉萨！这是我自1986年乘黑鹰直升机飞越雅江大拐弯峡谷，往返墨脱之行后的又一次"遨游"于高原蓝天，收获了意外的惊喜！

更有甚者，还在拉萨，得知并见到了我于卅八年前从南京带来的雪松幼苗，使其进行"还乡"之旅，而今似乎已是拉萨的"还乡"第一树！更使我分外温馨！（图4-16~图4-19）

图4-15 "朝圣"拉萨

图4-16　雪松还乡（拉萨第一松）

图4-17　同道交流

图4-18　"老青年"巡航

图4-19　俯瞰布达拉宫

图4-20 探望知己

图4-21 返甬祭思

"三个四十年高原纪"（八）探望知己老友，敬谒老伴陵园

8月30日，又是一个"喜雨送人归"。

我由拉萨飞抵上海，看望我的科学知己宗英姐于医院，只见她状态优于去年，甚感慰藉，深为祝祷！（图4-20）

又至宁波，祭奠老伴范君与范家祖墓。面对墓碑，遥寄悠思。我告慰范君三点：小孙孙已读研；小外孙女已进大学；我的西藏高原四十年行安返！

虽然天人相隔，但我想思念是一致的！

每年的祭奠活动，"留守"在宁波的堂弟妹总热情接待安排。我们流连在甬江之滨，延续着家族的情谊！（图4-21）

"三个四十年高原纪"（九）金陵-母校-学友

2018年秋，行程的最后一站是返回金陵-母校-南林！满园的绿树不少是我的"老友"，而真正的同窗老友却是不多了！但"相见不相识的儿童"很多！在交流报告会上，那些只有我1/4历程（88÷4=22）的孩子们，个个都屏心静气地随我"踏查"了一遍西藏主要的山水森林，而且甚为神往。这也是我的小小心愿吧！

此次在南林家园待时较长，一是为了等待桂花开放，二是想做个小小的科普"工程"。把家中客厅和门廊在原有展片的基础上增扩，做个"高原生态景观"微型展室，以供小学友们参观。只要我回归家园，就开门迎"客"。也是展示高原生态制高点功能与价值的一方科普"角"。（图4-22~图4-24）

图4-22　家庭展室

图4-23　天湖高悬

图4-24　静观品赏

图4-25　花香蕴情

在微型展室内，题头：

千山万壑我统领，

玉洁冰晶旷世情。

所以这里面"展室虽小，地厚天高。物种珍稀，自然瑰宝"。（图4-25）

最后，一直待到宿舍门前，我与范君共同手植的一株波叶金桂，从小花含苞，到花绽香飘，至满地铺金。我赋诗一首，辞家北上。

我家门前一树花，

中秋时节润邻家。

人去屋空丹桂在，

树大根深韵自华。

今年的"外业"就此结尾，这个"尾"可算是较为粗大而圆润吧！

唵嘛呢叭咪吽！

后记之一

《绿野行踪　林海高原六十载》的书稿初成，对我而言又处于一个思绪涌动之际。记得五年前，《高原梦未央》一书面世时，我就想：大自然、大高原惠我之丰，远未偿还于万一。若天假以年，当继续向众友尽交流汇报之责，再还一分大自然、大高原教化我的情债。

有幸，我又获得了几年的思考酝酿的时机，而且得天独厚于我能活着、动着、思着、写着，真是感恩不尽！

对于年近90之人，我"活"得精神抖擞，宁静愉悦，更有险而无恙的经历。我曾于2016年春南下于旅舍沐浴时，不慎摔跤，当时思想已有准备"老年摔跤，非死即伤"。而却基本无恙，就"立愿"：留得一把老骨头，再尽绵力做几秋——完成此书。

近年来，我"动"的跨度还较大。2015年春，我跨海至澳洲，补点观察，最大收获是在袖珍独岛的塔斯马尼亚，见识了温性雨林。与我国藏东南波密岗乡的温性雨林（高蓄积量林芝云杉林），同类型而异地域。

同年8月，我又赴藏北铁路沿线，看草被覆盖状况和重访纳木错，然后回归我的"高原之家"——西藏农牧学院和高原生态研究所，更第八次探访岗乡。清纯的高原之风，浓郁的民族亲情使我这个耄耋的游子，溶于温情与激情之中。

2017年我再次拜访秦岭终南山，这座40年前首次西藏行之旅途中探访的大山，在山林中探"亲"访友、交流之时，同样沉醉于"高山流水诗几首，明月清风茶一壶"的自然古风之中。

而在京城，还活动于随时听从讲座的召唤，与青年学子交流于讲堂之上、茶座之间。为何年迈而活动得较为频繁？因自感时日无多，趁着精力尚算可济时，尽力而已。

至于我之"思"，常自嘲我这颗"脑袋"在即将进入"痴呆"前，能思能想，就听之任之吧。尤其我长期凌晨不寐，思绪翻滚，还不时突发奇思。如继以往对物种的"珍、稀、濒、危"内涵和相关性的探究，进而思考到物种可有"形、质、功、适"的深层效应，以及对一些专业名词概念甚至遣词用句等均自我较劲、反复推敲，这恐怕有点神经质的思维了。但思维尚能自扰而不得安宁，奈何？！

而在此书"写"的方面，抱歉的是又老又笨的我，因少年时未学汉语拼音，故至今不会打字，只是手书。幸有两位志愿者长期惠顾于我：高晓花小友，自2012年以来连续六年，利用双休日，每周一日，帮我选取图片、文稿打印等。而王剑小友，自2013年冬，多次访我，更在2017年8月开始，近半年内，经常"驻点"，以一半多的时间，收集整理有关我的"绿野行踪"（线路、地域）及相关考察信息等。特此致谢！

至于书中所用图片，尤其西藏部分，基本是我二十年前所摄，限于当时的设备条件，清晰度和质量有所欠缺，但贵在真实地反映出当时的原生状况。书中借用少数佳片，力求准确署名，深为感戴。

徐凤翔（辛娜卓嘎）拜识
2018年春，于北京净心斋

后记之二

我这本专业的封笔之作，"封"得曲折而缠绵。命题和思考有好几年了，而动笔也有一年多。经常思绪纷呈，下笔踌躇，还有两位小友不时帮助收集相关资料和图片筛选等整理工作。

尤其是2018年8月，我又访西藏，是为了纪念：绿野行踪、高原生态、科学知己这三方面的个人四十年春秋的历程，回顾、总结、深思、补充文稿内容等。

此后对书稿虽然时刻"翻腾"于脑，但字句熬油、反复推敲的习惯有增无减。总想，封笔了，要认真地把所行、所观、所学、所思、所情简洁地交待下来，所以文稿多次修正提炼。

辛苦了"江湖中友"——我的儿子，在他繁忙的教研、内外业的间隙，一次次帮我打印修改稿。而巧遇的是，我的"江湖小友"——孙子回家过春节，参与了我的文稿增删、图片标注的扫尾工作，过了一个一家三代简朴而又充实的除夕与新春的时光！

书作期间，更有灵山小友董永淑、郑玉妹等不时下山助我整理资料、改善生活、慰我"寂寥"。众多朋友亦为书稿提出了许多建议，虽未能逐一列出，无碍心存至深感念。在此一并致谢！

2019年2月5日

作者简介

徐凤翔，女，1931年出生，江苏丹阳人。森林生态、高原生态学家，西藏农牧学院教授，西藏高原生态研究所创始人、第一任所长，北京灵山生态研究所创始人、第一任所长。被藏族同胞亲切称为"辛娜卓嘎"，意为"森林女神"。

长期从事林业、生态的教学、科研工作，终生一贯。而各阶段的关注重点和地域又有所侧重和区别。第一阶段由青年至年近半百，于南京林业大学从教森林生态学，考察了国内除西藏地区外的各大主要林区。第二阶段则是在年近半百时，由援藏而调藏。创建了中国高原生态研究领域，建立了西藏高原生态研究所（高原小木屋）。以18载春秋，考察了西藏的主要线路、典型生态类型的植被与资源。在数据收集、资源发现和理念感悟等方面收获颇丰。第三阶段是在1995年以后，于时年64岁，"超期服役"后按例退休出藏。然而下了西藏高原却上了北京灵山，创建了第二座"小木屋"——北京灵山生态研究所。这阶段重点从事生态科普教育工作，并介绍和推介西藏高原，开展对比考察西部大高原的工作，为生态环保奉献夕阳余晖。

同时，还对国际上五大洲的主要路线、典型生态类型开展了生态环境的对比观光考察，丰富了科考经历、提升了更大尺度的护卫大地、生灵之道和哲理之思。